H. A. Trivedi
A. M. Patel
D. L. Sundesha

ESTUDOS GENÉTICOS EM AJWAIN

H. A. Trivedi
A. M. Patel
D. L. Sundesha

ESTUDOS GENÉTICOS EM AJWAIN

estudos genéticos do rendimento das sementes e dos seus atributos no javaí(trachyspermum ammi l.)

ScienciaScripts

Imprint

Any brand names and product names mentioned in this book are subject to trademark, brand or patent protection and are trademarks or registered trademarks of their respective holders. The use of brand names, product names, common names, trade names, product descriptions etc. even without a particular marking in this work is in no way to be construed to mean that such names may be regarded as unrestricted in respect of trademark and brand protection legislation and could thus be used by anyone.

Cover image: www.ingimage.com

This book is a translation from the original published under ISBN 978-620-7-64840-5.

Publisher:
Sciencia Scripts
is a trademark of
Dodo Books Indian Ocean Ltd. and OmniScriptum S.R.L publishing group

120 High Road, East Finchley, London, N2 9ED, United Kingdom
Str. Armeneasca 28/1, office 1, Chisinau MD-2012, Republic of Moldova, Europe
Printed at: see last page
ISBN: 978-620-7-74485-5

estudos genéticos do rendimento das sementes e dos seus atributos no javaí (*trachyspermum ammi* l.)

POR

TRIVEDI HIMANSHUBHAI ARVINDKUMAR

ESTUDOS GENÉTICOS DA PRODUÇÃO DE SEMENTES E SEUS ATRIBUTOS
EM AJWAIN (*Trachyspermum ammi* L.)

Nome do estudante
Orientador principal
TRIVEDI HIMANSHUBHAI A.   **Dr. A. M. PATEL**

DEPARTAMENTO DE GENÉTICA E MELHORAMENTO VEGETAL
ESCOLA SUPERIOR DE AGRICULTURA CHIMANBHAI PATEL
UNIVERSIDADE AGRÍCOLA DE SARDARKRUSHINAGAR DANTIWADA
SARDARKRUSHINAGAR - 385 506

RESUMO

A presente investigação intitulada "Estudos genéticos do rendimento de sementes e seus atributos em ajwain (*Trachyspermum ammi* L.)" foi realizada usando quarenta genótipos diversos de ajwain obtidos da estação de pesquisa de especiarias de sementes, SDAU, Jagudan e avaliados em desenho de blocos aleatórios (RBD) com três replicações na fazenda de instruções de Agronomia, Universidade Agrícola Sardarkrushinagar Dantiwada, Dantiwada durante *rabi* 2019-20. O material experimental foi avaliado para doze caracteres, *nomeadamente*, dias para a floração, dias para a maturidade, altura da planta (cm), número de ramos por planta, número de umbelas por planta, número de umbelas por umbela, número de sementes por umbela, rendimento de sementes por planta (g), rendimento biológico por planta (g), índice de colheita (%), peso de teste (g) e óleo volátil (%).

As análises de variância revelaram que a soma média dos quadrados devido aos genótipos foi considerada altamente significativa para todos os traços. Isto provou a existência de uma enorme variabilidade no material experimental para diferentes características. No entanto, do ponto de vista da produção de sementes, HAJ-07, AA-02, JA 16-06, JA 17-02 e HAJ-18 foram genótipos de elite com base no desempenho per se. Os genótipos HAJ-07, AA-02, JA 16-06 e JA 17-02 apresentaram um elevado desempenho per se em termos de número de umbelas por planta, número de umbelas por umbela, número de sementes por umbela, rendimento de sementes por planta e rendimento biológico por planta. Os genótipos JA 17-02, HAJ-07 e JA -190 apresentaram um número máximo de ramos por planta. Assim, a seleção deste tipo de genótipos pode ser útil para aumentar a produção de sementes por planta.

A estreita associação entre as variâncias fenotípicas e genotípicas em todos os caracteres indica uma menor influência do ambiente na expressão desses caracteres. Os valores moderados do coeficiente de variação genotípica e fenotípica foram observados para o número de ramos por planta, número de umbelas por planta, número de umbelas por umbela, número de sementes por umbela, rendimento de sementes por planta, rendimento biológico por planta, peso de teste e óleo volátil. Foi observada uma elevada hereditariedade associada a um elevado avanço genético em percentagem da média para o número de ramos por planta, o número de umbelas por planta, o número de umbelas por umbela, o número de sementes por umbela, o rendimento de sementes por planta, o peso do teste e o óleo volátil, o que indica que a elevada hereditariedade se deve à ação de genes aditivos e que a seleção pode ser eficaz.

A análise dos coeficientes de correlação sugeriu que a magnitude da correlação genotípica era superior à correlação fenotípica correspondente para todas as características. Os estudos de correlação revelaram que a produção de sementes por planta teve uma associação positiva e altamente significativa com a altura da planta, o número de ramos por planta, o número de umbelas por planta, o número de umbelas por umbela, o número de sementes por umbela, o rendimento biológico por planta, o índice de colheita, o peso de teste e o óleo volátil, tanto a nível genotípico como fenotípico. Por conseguinte, estes caracteres devem ser tidos em devida consideração durante a seleção para aumentar a produção de sementes. Assim, no futuro programa de melhoramento para desenvolver genótipos com melhor rendimento de sementes por planta, as características acima referidas devem ser tidas em conta no momento da seleção.

A análise de caminho revelou que os dias até à maturação, a altura da planta, o número de umbelas por planta, o número de umbelas por umbela, o rendimento biológico por planta, o índice de colheita e o peso de teste tiveram efeitos directos positivos no rendimento de sementes por planta. Os dias para a floração, o número de ramos por planta, o número de sementes por umbela e o óleo volátil tiveram efeitos directos negativos no rendimento de sementes por planta.

A divergência genética, medida pela estatística Mahalanobis D^2, agrupou os quarenta genótipos estudados para a produção de sementes em nove grupos. A distância inter-agrupamentos máxima foi observada entre os agrupamentos VII e III, seguidos por V e III. Os atributos, a *saber*, rendimento de sementes por planta, peso de teste, rendimento biológico por planta, índice de colheita, número de ramos por planta, óleo volátil, número de umbelas por planta e dias até à floração tiveram uma contribuição máxima para a divergência genética total. No futuro, a seleção de diversos progenitores com base nestes oito caracteres seria útil para tirar partido de segregantes transgressivos.

A partir dos resultados obtidos, seria razoável sugerir que um melhorador empenhado em melhorar o rendimento de sementes de ajwain por planta deve dar ênfase ao número de ramos por planta, ao número de umbelas por planta, ao número de umbelas por umbela e ao número de sementes por umbela. A seleção para estas características será diretamente útil para aumentar o rendimento das sementes.

RECONHECIMENTO

Momentos de recordação para guardar para sempre.........

Do mais profundo do meu coração, transmito a minha adoração de todo o coração ao Senhor Todo-Poderoso **Shree Arvindkumar e Anilaben**, que trouxeram uma prosperidade ilimitada à minha vida, guiaram-me através dos momentos mais difíceis e inspiraram-me a alcançar a maior estatura. Ensinaram-me a nunca olhar para baixo ou perder a fé nas suas decisões e deram-me o conhecimento do que o serviço pode realizar.

As palavras são sempre insuficientes para exprimir a minha gratidão, a minha sorte e o meu imenso prazer por ter trabalhado sob a orientação de professores de excelência, bem como de uma personalidade de apoio e de um guia principal venerado, o **Dr. A. M. Patel,** I/c. Research Scientist (Wheat), Wheat Research Station, SDAU, Vijapur. Estou-lhe muito grato pela sua supervisão sensata, encorajamento interminável, orientação eterna, preocupação incessante, apoio moral persistente e críticas produtivas, bem como paciência eterna ao longo de todo o curso da investigação, que tornaram realidade a minha ambição compassiva com a obtenção de resultados e a fundamentação deste manuscrito.

Estou profundamente grato e revelo um sentimento de reconhecimento de alma para com o meu orientador menor **Dr. P. J. Patel,** I/c. Cientista investigador, Estação de Investigação de Sementes e Especiarias, SDAU, Jagudan, **aos** membros do meu comité consultivo, **Dr. D. L. Sundesha**, diretor agrícola adjunto, Estação de Investigação Agrícola, SDAU, Aseda, ao **Dr. P. C. Patel,** professor adjunto, C.P College of Agriculture, SDAU e ao **Dr. H. N. Zala,** professor adjunto, C.P College of Agriculture, SDAU pelos seus gestos generosos, sugestões valiosas, motivação constante, assertividade simulada, acções solícitas e conselhos atenciosos sempre que necessário. A determinação de todos os professores das diferentes disciplinas é também inevitável para o esclarecimento da profundidade no conhecimento dos cursos.

Sinto-me privilegiado e obrigado a estender os meus agradecimentos solenes e profundos ao **Dr. J. R. Patel**, diretor da quinta, Agronomy Instructional Farm, SDAU, Sardarkrushinagar e a outros membros do pessoal por me terem proporcionado urgentemente as instalações para realizar a investigação.

Os meus sinceros agradecimentos e a minha gratidão são também expressos ao Diretor de Investigação e ao Reitor dos Estudos de Pós-Graduação pela enorme ajuda ao longo da minha carreira académica e também ao **Dr. S. D. Solanki,** I/c. Diretor e ao **Dr. S. D. Solanki,** I/c. Professor e Diretor do Departamento de Genética e Melhoramento de Plantas, C. P. College of Agriculture, S. D. Agricultural University, Sardarkrushinagar, pelo seu encorajamento, pela sua valiosa orientação e por disponibilizar todas as instalações necessárias.

Os meus sinceros agradecimentos e a minha gratidão aos meus professores **Dr. L. D. Parmar, Dr. N. B. Patel**, Dr. **H. S. Bhadauria, Dr. N. V. Soni, Dr. K. K.**

Tiwari, Dr. A. K. Singh e **Dr. P. C. Patel** pelo seu persistente encorajamento. Estou igualmente grato ao **Sr. M. M. Nayak** por me ter ajudado ao longo do meu trabalho de investigação.

Estou muito grato ao **cientista investigador** por ter fornecido os genótipos de ajwain e também por ter concedido autorização para utilizar o laboratório para a análise bioquímica do meu trabalho de investigação e também os meus sinceros agradecimentos a **Sh. D. S. Nadisara** por me ter ajudado durante a análise bioquímica.

De facto, as palavras não são suficientes para exprimir os meus sentimentos pelos meus queridos amigos **Mahendra, Hardik, Gaurav, Chaudhari Vaman , Jatin, Kavan, Jigar, Nikul, Gothi** e **Avinash, Sourabh, Dayanand, Dhakad, Sandeep** pela sua alegre companhia, inestimável apoio moral, afeto imaculado e ajuda constante durante a minha investigação.

Embora seja impossível retribuir o respeito nos seus termos, o meu gesto caloroso sob a forma de agradecimento especial é devido a todos os meus respeitados seniores, especialmente **Gauravsingh, ParthsinhRahevar, Alpeshbhai** e **Vijaybhai. Não** deixaria de expressar os meus agradecimentos cordiais aos meus amigos mais jovens **Rutvik, Akash, Badi, Chirag, Buha Vasant** e **Vora.**

Estou igualmente grato ao Prof. **D. L. Sundesha**, ao **Prof. Manish Sharma** e ao **Prof. Mahendra Chaudhary** pelo seu contínuo encorajamento e motivação durante a minha carreira académica.

Por último, mas não menos importante, para as personalidades mais importantes da minha vida, as palavras só podem expressar as minhas emoções para com os meus queridos pais pelo seu afeto, encorajamento persistente e bênçãos, os seus sacrifícios, tornando os meus sonhos uma realidade e trazendo-me a este epítome do mundo. O meu sincero sentimento de admiração e gratidão para com o meu querido pai **Arvindbhai** e a minha mãe **Anilaben** por terem apoiado o meu esforço em todas as fases perigosas da minha carreira e por me terem proporcionado as suas orações sinceras e eternas, o seu encorajamento constante, o seu amor altruísta e as suas bênçãos.

Obrigado a todos aqueles que não conseguem encontrar um nome separado, mas que me ajudaram direta ou indiretamente a atingir o objetivo.

Local: Sardarkrushinagar
Data: JULHO, 2021 **(TRIVEDI HIMANSHUBHAI A.)**

CONTEÚDOS

ABREVIATURAS UTILIZADAS

%	:	Per cent
2n	:	Somatic chromosome number
C.D.	:	Critical Difference
C.V.	:	Coefficient of variance
cm	:	Centimeters
d.f.	:	Degrees of freedom
e.g.	:	Example
et al.	:	and other
etc.	:	Etcetera
g	:	Grams
G	:	Genotypic level
GA	:	Genetic Advance
GAM	:	Genetic Advance as per cent of Mean
GCV	:	Genotypic Coefficient of Variation
H	:	Heritability
Ha	:	Hectare
i.e.	:	That is
Kg	:	Kilogram
M	:	Meter
min.	:	Minutes
ml	:	Milli liters
mm	:	Milli meter
^{o}C	:	Degree Celsius
P	:	Phenotypic level
PCV	:	Phenotypic Coefficient of Variation
r_g	:	Genotypic Correlation
r_p	:	Phenotypic Correlation
S.Em.±	:	Standard error of mean
T	:	Tonnes
Via	:	Through
viz.,	:	Namely
σ	:	Sigma

I. INTRODUÇÃO

O Ajwain (*Trachyspermum ammi* L.) pertence à família Apiaceae com um número de cromossomas diploide de 18 e o centro de origem desta cultura é o Egipto. É uma planta anual, aromática, herbácea e profusamente ramificada com uma altura. A planta é erecta, com pêlos finos e macios. Tem muitos caules frondosos e ramificados, folhas semelhantes a penas 2-3 divididas pinnadamente, segmentos lineares com flores estaminais e compostas. Os frutos são pequenos, ovóides, em torno de cremocarpos, com 2-3 mm de comprimento e mericarpos comprimidos de cor castanha acinzentada com uma superfície tuberculosa de areia com cinco cristas distintas (Malhotra e Vijay, 2004). As flores são protândricas e a polinização cruzada ocorre através de insectos. Tem valor medicinal especialmente para a cura, afrodisíaco, laxante, carminativo, indigestão, dor de estômago e elementos relativos ao sistema digestivo. É também utilizada na cólera, diarreia, problemas gástricos e urinários. A semente contém óleo volátil (2 a 4 por cento) de cor amarela acastanhada (Bajwa *et al.*, 2012).

Classificação taxonómica

Reino: *Plantae*
Sub-reino: *Traqueobiontes*
Superdivisão: *Spermatophyta*
Divisão: *Magnoliophyta*
Classe: *Magnoliopsida*
Ordem: Apiales
Família: Apiaceae
Género: *Trachyspermum*
Espécies: *Ami*

Inflorescência composta por umbelas com 16 umbelas, cada uma contendo até 16 flores, flores actinomórficas, brancas, masculinas e bissexuais, corola 5, pétalas bilobadas, estames 5, alternados com as pétalas, ovário inferior, estigma em forma de botão, fruto aromático, ovoide, cordado, cremocarpo com um estilopódio persistente, folhas pinadas, com um terminal e 7 pares de folíolos laterais. Fruto, constituído por dois mericarpos, castanho-acinzentado, ovoide, comprimido, com cerca de 2 mm de comprimento e 1,7 mm de largura, 5 cristas e 6 vitáceas em cada mericarpo, geralmente separadas, 5 cristas primárias. A secção transversal do fruto mostra duas estruturas hexagonais ligadas entre si por carpóforos; o epicarpo é constituído por uma única camada de células tabulares tangencialmente alongadas; o mesocarpo é constituído por células tangencialmente alongadas, rectangulares a poligonais, de paredes moderadamente espessas, com alguns vittae, os carpóforos e os feixes vasculares apresentam-se como grupos de células de paredes espessas e radicalmente alongadas, o tegumento, em forma de barril de células tangencialmente alongadas, o endosperma é constituído por células de paredes finas cheias de embrião, glóbulos de óleo, pequenos e circulares, compostos por células poligonais de paredes finas. A microscopia de pó mostra a presença de glóbulos de óleo e grupos de células do endosperma (Bajwa *et al.*, 2012).

O Ajwain (*Trachyspermum ammi* L.) é também conhecido como erva daninha do bispo e Carum em inglês e é cultivado principalmente pelas suas sementes, ervas e óleo volátil. É cultivada no Iraque, no Irão, no Afeganistão e na Índia. Na Índia, é cultivada em Rajasthan, Gujarat, Madhya Pradesh, Bihar, Punjab, Andhra Pradesh e Telangana. Foram produzidas 27920 TM de ajwain a partir de uma área de 37810 ha em 2019-20 (Anon., 2019). Em Gujarat, é cultivada nos distritos de Jamnagar, Banaskantha, Mehsana, Amreli, Patan e Ahmedabad, cobrindo uma área de 6075 ha com a produção de 5790 TM 2019-20 (Anon., 2019).

Ajwain é uma cultura que adora o frio e é cultivada principalmente durante a estação *rabi* na Índia. Nalgumas zonas do país, é também cultivado como cultura *de kharif*. O clima moderadamente fresco e seco favorece o bom crescimento das plantas e a floração. Evitar a humidade elevada, especialmente após a floração, é benéfico. A humidade contínua e o tempo nublado favorecem o aparecimento de pragas de insectos e de uma série de doenças. Necessita de uma temperatura entre 15-27° C e uma humidade relativa de 60-70% durante o seu período de crescimento e requer um clima relativamente quente durante o desenvolvimento das sementes. No entanto, a cultura tem um nível moderado de tolerância à seca e possui uma ampla adaptabilidade climática. O Ajwain está bem adaptado a uma vasta gama de solos, mas cresce bem em solos argilosos bem drenados. Podem também ser utilizados solos argilosos ricos em matéria orgânica, desde que existam meios de drenagem adequados. No entanto, a cultura não se desenvolve bem em solos arenosos ou gravosos. Devido à elevada retenção de humidade, os solos pesados são ideais para a cultura de ajwain em regime de sequeiro. Embora a cultura seja tolerante à salinidade, dá sempre maior rendimento e melhor qualidade das folhas em solos neutros com um pH d e 6,5 a 7,5. Por conseguinte, o seu cultivo deve ser evitado em solos problemáticos, ou seja, salinos, alcalinos e ácidos (Anon., 2016).

O Ajwain (*Trachyspermum ammi* L.) é uma especiaria de sementes altamente valiosa e medicamente importante. O Ajwain, com o seu cheiro aromático caraterístico e sabor pungente, é muito utilizado como especiaria em caril. As suas sementes são utilizadas em pequenas quantidades para aromatizar numerosos alimentos, como conservantes, em medicina e para o fabrico de óleo essencial em perfumaria. No sistema de medicina indiano, *o ajwain* é administrado para curar perturbações do estômago, uma pasta de frutos esmagados é aplicada externamente para aliviar dores de cólicas; e uma fomentação quente e seca dos frutos é aplicada no peito para a asma. *T. ammi* demonstrou possuir propriedades antimicrobianas, hipolipidémicas, estimulantes da digestão, anti-hipertensivas, hepatoprotectoras, antiespasmódicas, bronco-dilatadoras, antilitíase, diuréticas, abortivas, galactogogia, antiplaquetário-agregador, anti-inflamatório, antitússico, antifilarial, gestroprotector, nematicida, anti-helmíntico, desintoxicação de aflatoxinas e efeitos ameladores. Os usos terapêuticos dos frutos de *T. ammi* incluem: estomacal, carminativo e expetorante, anti-sético e amebíase, antimicrobiano. As sementes embebidas em sumo de limão com *Prunus amygdalus* (badam) são administradas na cura da amenorreia e também são utilizadas como antipirético, febrífugo e no tratamento da febre tifoide (Bajwa *et al.*, 2012).

O principal componente do óleo de ajwain é o timol (50 por cento), que é um forte germicida, anti-espasmódico e fungicida. O óleo apresenta efeitos fungicidas, antimicrobianos e anti-agregantes nos seres humanos. O timol é também utilizado em pastas de dentes e perfumes. A composição química da semente de ajwain varia consoante a região, a variedade e a fase de colheita. A composição química da semente é de proteína 15,4 por cento, gordura (extrato etéreo) 18,1 por cento, fibra bruta 11,9 por cento, hidratos de carbono 38,6 por cento, matéria mineral 7,1 por cento, cálcio

1,42 por cento, fósforo 0,30 por cento e ferro 14,6 mg por 100 g (Bajwa *et al.*, 2012). Embora a cultura tenha valor doméstico, medicinal e comercial, tem sido totalmente negligenciada no que respeita ao melhoramento genético. Em consequência, os tipos locais têm um baixo potencial de rendimento, o que resulta numa produção deficiente. Para além disso, a cultura é largamente cultivada em terras marginais, onduladas e improdutivas, com práticas de cultivo tradicionais. Existem apenas algumas variedades melhoradas no país, que são pouco adoptadas.

A variabilidade genética disponível na coleção de germoplasma de uma espécie é um requisito básico para um programa de melhoramento de culturas. Os melhoradores de plantas têm, por conseguinte, de encontrar programas de melhoramento adequados para explorar genes benéficos de entre a variabilidade genética presente no material existente. O primeiro passo em qualquer programa de melhoramento, incluindo o de síntese de ideótipo, deve ser uma avaliação quantitativa da variabilidade disponível no que respeita aos caracteres importantes que contribuem para a produção. É necessária informação pormenorizada sobre a divergência genética na coleção de germoplasma disponível para determinar o potencial do germoplasma como material de base para sustentar um programa de melhoramento varietal.

A recolha, manutenção e avaliação do germoplasma são as etapas mais importantes e primordiais de qualquer programa de melhoramento de culturas. Para formular um programa de melhoramento bem sucedido, é importante compreender melhor a natureza e a magnitude da variabilidade genética presente no material de reprodução. O rendimento é um carácter complexo regido por vários caracteres que o atribuem. Uma vez que a maior parte dos caracteres que atribuem rendimento são herdados quantitativamente e afectados pelo ambiente, é difícil avaliar se a variabilidade observada é hereditária ou não. Os parâmetros como o coeficiente de variação genotípico e fenotípico, a hereditariedade e o avanço genético são úteis para compreender a natureza da hereditariedade de diferentes características. O estudo de vários traços e da sua associação entre si é uma estratégia importante destinada a quebrar as barreiras genéticas do rendimento. Por outro lado, os estudos de correlação são úteis para determinar a componente de uma caraterística complexa, *ou seja,* a produção de sementes. No entanto, não fornecem uma magnitude exacta da relação direta e indireta com o rendimento. Por conseguinte, a análise do coeficiente de caminho é um instrumento importante para dividir o coeficiente de correlação em efeitos directos e indirectos das variáveis independentes nas variáveis dependentes. Esta informação pode ser útil aos criadores na seleção de genótipos de elevado rendimento numa determinada cultura. Existe alguma informação sobre a variação genética e os estudos de associação para o período de enchimento do grão, o período vegetativo e outras características relacionadas com o rendimento, mas essa informação é muito escassa no que respeita à gama de ambientes dentro da estação de cultivo, num único local.

Por conseguinte, na presente investigação, foi planeado um estudo comparativo da variabilidade e dos parâmetros de hereditariedade, do avanço genético, da correlação e da análise de percurso, utilizando genótipos pertencentes a vários grupos de maturidade. A diversidade genética é essencial para atingir os objectivos diversificados do melhoramento de plantas, tais como o melhoramento para aumentar o rendimento, a adaptação mais ampla, a qualidade desejável, a resistência a pragas e doenças. A análise da divergência genética estima o grau de diversidade existente entre os genótipos seleccionados.

Objectivos

1. Determinar a natureza e a magnitude da variabilidade genética do rendimento e dos atributos de diferentes genótipos de ajwain.
2. Estimar a correlação e o coeficiente de caminho para o rendimento e seus componentes.
3. Estudar a divergência genética entre os genótipos de ajwain.

II.   REVISÃO DA LITERATURA

Uma compreensão aprofundada da extensão da variação, da arquitetura genética da planta e da hereditariedade dos caracteres entre os genótipos ajudaria a desenvolver programas sólidos de melhoramento das plantas. A variabilidade genética é uma dádiva da natureza e a sua utilização frutuosa em qualquer espécie de cultura exige uma recolha, avaliação, descrição e agrupamento sistemáticos com base em descritores económicos.

A literatura publicada relativa à variabilidade genética, correlação e análise de trajetória e diversidade genética em ajwain (*Trachyspermum ammi* L.) é aqui revista sob os seguintes subtítulos.

2.1 Variabilidade genética, hereditariedade e avanço genético

2.2 Análise de correlação e coeficiente de caminho

2.3 Divergência genética

2.1 VARIABILIDADE GENÉTICA, HEREDITARIEDADE E AVANÇO GENÉTICO

A variabilidade genética é um pré-requisito essencial para os programas de melhoramento das culturas com o objetivo de obter variedades de elevado rendimento. A hereditariedade é a medida quantitativa que fornece informações sobre a correspondência entre a variância genotípica e a variância fenotípica. O avanço genético, geralmente expresso em percentagem da média, é muito útil para prever o ganho genético com uma intensidade de seleção de cinco por cento. Assim, quaisquer caracteres quantitativos podem ser previstos quando o avanço genético é considerado com a hereditariedade.

Os requisitos básicos do melhoramento de plantas são a variação e a seleção. Assim, a análise da variabilidade é útil para obter informações sobre os caracteres que se espera que respondam à seleção.

Paliwal *et al.* (2005) estudaram cinquenta e oito genótipos de ajwain, que foram recolhidos em diferentes partes da Índia e avaliados num esquema de blocos completos aleatórios com três repetições. Os genótipos apresentaram diferenças significativas para todas as características, nomeadamente, dias até 50% de floração, dias até à maturidade, umbelas por planta, umbelas por umbela, peso de 1000 sementes, óleo gordo (%) e rendimento de sementes por planta, indicando a existência de uma diversidade adequada entre os genótipos. As estimativas de hereditariedade em sentido lato foram mais elevadas (acima de 70%) para todos os caracteres. O avanço genético máximo expresso em percentagem da média foi observado para a produção de sementes por planta, seguido de umbelas por planta, umbelas por umbela e óleos gordos, enquanto o avanço genético mais baixo foi encontrado para o peso de 1000 sementes, seguido de dias até à maturidade e dias até 50% de floração.

Shrivastava *et al.* (2005) estudaram quarenta genótipos de ajwain (*Trachyspermum ammi* L), incluindo o controlo local, para determinar o coeficiente de variação fenotípica e genotípica, a hereditariedade e o avanço genético, que indicaram uma variabilidade genética substancial e a possibilidade de seleção para os dias até à maturidade, ramos secundários, dias até à floração, peso de 1000 sementes no material experimental. Houve pouca variabilidade e margem para melhoramento através da seleção para o número de umbelas por umbela, ramos primários por planta e altura da planta.

Pandey *et al.* (2011) estudaram nos coentros os coeficientes de variação fenotípica e genotípica mais elevados para o número de ramos secundários por planta, o número de umbelas por planta e a produção de sementes por planta. A elevada hereditariedade associada a um elevado avanço genético para o número de ramos secundários por planta, o número de umbelas por planta, a produção de sementes por planta e o peso de teste indicam que as variações genéticas nas características acima referidas se devem a efeitos genéticos aditivos.

Sengupta *et al.* (2011) estudaram treze genótipos de funcho (*Foeniculum vulgare* Mill.) e observaram que o coeficiente de variação fenotípica era mais elevado do que o coeficiente de variação genotípica para todos os caracteres. A elevada hereditariedade, associada a um elevado avanço genético em percentagem da média para características como o número de sementes por umbela e a produção de sementes por planta, indicou uma maior resposta da seleção para uma produção elevada, uma vez que estes caracteres são regidos por uma ação genética aditiva.

Chaudhary *et al.* (2012) observaram, no funcho, estimativas elevadas de PCV juntamente com GCV, bem como uma hereditariedade de sentido lato e um avanço genético em percentagem da média para a produção de sementes por planta, umbelas por planta e sementes por umbela. Registou-se uma hereditariedade moderada, juntamente com um baixo avanço genético em percentagem da média, para os ramos por planta. Registou-se uma baixa hereditariedade e um baixo avanço genético, em percentagem da média, para os dias até à floração e a altura da planta.

Dalkani *et al.* (2012) avaliaram dez populações de ajwain, coletadas em diferentes regiões. Entre as características estudadas, um alto coeficiente de variação foi observado para o número de sementes (197,58), produção de uma única planta (57,56 g) e matéria seca de brotos (56,28 g). A herdabilidade em sentido amplo para todas as características estudadas foi moderada a alta e variou de 0,41 a 91%, com exceção do número de ramos, do comprimento e do período de maturação, que apresentaram baixa herdabilidade em sentido amplo.

Singh *et al.* (2013) avaliaram nove genótipos de coentros para estudar os parâmetros genéticos no que respeita ao rendimento e aos caracteres determinantes do rendimento. Os caracteres quantitativos, como a altura da planta, o número de ramos secundários por planta, o número de ramos primários por planta, o número de umbelas por planta, o número de umbelas por umbela e o número de sementes por umbela, apresentaram uma ampla gama de variabilidade, um coeficiente máximo de variabilidade genotípica e fenotípica, uma hereditariedade de sentido lato e um ganho genético (em percentagem da média).

Yogi *et al.* (2013) observaram na erva-doce o maior coeficiente de variação genotípica para o óleo essencial (34,17%), seguido pelo óleo total (22,013%), rendimento de sementes por planta (19,44%), índice de colheita (15,86%) e ramos secundários (15,82%). Foram registados avanços genéticos elevados em percentagem da média para o óleo essencial (68,76), óleo total (43,58), produção de sementes por planta (30,002), ramos secundários (27,07) e índice de colheita (23,49), sugerindo que a seleção fenotípica para estas características seria eficaz.

Awas *et al.* (2015) avaliaram oitenta e um genótipos de coentros da Etiópia em 9×9 desenhos de treliça simples para a variabilidade genética em vinte e um caracteres de rendimento e de contribuição para o rendimento. A análise de variância mostrou que os genótipos diferiram significativamente para todos os caracteres estudados, com exceção do número de umbelas por planta, número de sementes por planta e número de sementes por umbela. Registou-se um GCV elevado para a altura da planta na floração e para a produção de sementes por hectare; em contrapartida, registaram-se GCV mais baixos para o número de sementes por planta, o número de sementes por umbela e o número de umbelas por planta. O PCV elevado foi igualmente registado para o rendimento de sementes por hectare, a altura da planta na floração e o índice de colheita por planta. Os valores mais elevados de hereditariedade em sentido lato foram registados para os dias até 50% de floração, dias até à emergência, dias até à maturidade e dias até ao início da floração. No entanto, a hereditariedade mais baixa foi registada para o número de umbelas por planta, número de sementes por umbela e número de sementes por planta. O maior avanço genético em percentagem da média foi registado para a altura da planta na floração e o número de ramos secundários. Enquanto o menor avanço genético em percentagem da média foi registado para o número de sementes por planta, número de sementes por umbela e número de umbelas por planta.

Ghanshyam *et al.* (2015) estimaram a variabilidade genética de vinte e oito germoplasma para dez caracteres em ajwain (*Trachyspermum ammi* L.). A análise de variância revelou diferenças significativas entre as linhas de germoplasma para o número de ramos secundários da planta, número de umbelas por planta, número de umbelas por umbela, rendimento de sementes por planta, índice de colheita e teor de óleo, sugerindo uma quantidade suficiente de variabilidade no material experimental. As estimativas de GCV e PCV indicaram a existência de um grau de variabilidade bastante elevado para a produção de sementes por planta por planta, teor de óleo, número de umbelas por planta e índice de colheita. Valores mais baixos de GCV e PCV foram registados no número de umbelas por umbela, indicando o papel importante do ambiente na expressão dos caracteres. Foi registada uma elevada hereditariedade associada a um avanço genético moderado em características como o índice de colheita e a produção de sementes por planta.

Jeeterwal (2015) estudou a variabilidade genética em cento e sete linhas consanguíneas de funcho (*Foeniculum vulgare* Mill.). Foi registada uma quantidade significativa de variabilidade entre as linhas consanguíneas para os caracteres estudados, *nomeadamente,* altura da planta, ramos por planta, umbelas por planta, umbelas por planta, sementes por umbela e produção de sementes por planta. Foram observados coeficientes de variação fenotípica e genotípica elevados, juntamente com uma elevada hereditariedade e avanço genético expresso em percentagem da média, para a produção de sementes por planta e sementes por umbela.

Ameta *et al.* (2016) avaliaram a variabilidade no germoplasma de coentros mantido no ICAR-NRCSS, Ajmer, sessenta acessos de coentros (*Coriandrum sativum L.*) juntamente com cinco variedades populares, nomeadamente Hisar Sugandh, Hisar Anand, RCr-728, RCr-436 e ACr-1 como controlo, e a análise de variância revelou uma variabilidade significativa para a maioria dos caracteres. Foi observada uma elevada hereditariedade (sentido lato) associada a um elevado avanço genético em percentagem da média para os caracteres *viz.*, número de folhas basais, comprimento da folha basal mais longa e número de umbelas por planta.

Maurya *et al.* (2016) estudaram a variabilidade genética em trinta populações indígenas de coentros. Revelaram que foram observadas variações fenotípicas, genotípicas e ambientais para todos os caracteres, exceto o teor de óleo essencial dos frutos, o número de umbelas, o número de ramos primários por planta e o teor de matéria seca por planta. As estimativas mais elevadas de hereditariedade com elevado avanço genético em percentagem da média foram registadas para o teor de óleo essencial dos frutos e para a produção de frutos por planta. O número de umbelas por umbela apresentou alta herdabilidade com baixo avanço genético em percentagem da média.

Dhakad *et al.* (2017) estudaram a hereditariedade nos coentros, os valores de hereditariedade em sentido lato foram muito elevados para a altura da planta (cm) aos 90 DAS, seguidos da altura da planta (cm) aos 60 DAS, altura da planta (cm) aos 30 DAS.

Farooq *et al.* (2017) estudaram a hereditariedade em coentros, as estimativas de hereditariedade foram de magnitude muito elevada para todos os caracteres. As estimativas de hereditariedade variaram de 99,44 a 72,23 por cento. As estimativas de hereditariedade mais elevadas foram obtidas para a altura da planta no início da floração (99,44 por cento), seguida da altura da planta na colheita (99,07 por cento).

Jyothi *et al.* (2017) estudaram trinta e cinco genótipos de coentros para análise de variância e revelaram que a diferença significativa para todos os catorze caracteres estudados indica a presença de uma grande quantidade de variabilidade. O alto coeficiente de variação genética observado para o número de sementes de umbelas na colheita, rendimento de sementes por planta e rendimento de sementes por hectare, enquanto que o alto PCV foi observado para o número de umbelas por planta na colheita, número de sementes por umbelas, rendimento de sementes por planta e rendimento de sementes por hectare.

Kumar *et al.* (2017) estudaram a variabilidade genética, a hereditariedade e o avanço genético em cinquenta linhas de germoplasma de funcho. Encontrou diferenças significativas entre o germoplasma para o número de ramos primários, número de umbelas por planta, número de umbelas por umbela, número de sementes por umbela, peso de teste e rendimento de sementes. O coeficiente de variância fenotípico foi superior ao coeficiente de variância genotípico para a maioria dos caracteres. O número de umbelas por planta, umbelas por umbela, número de sementes por umbela, peso do teste (g), produção de sementes (g) e número de ramos secundários apresentaram um elevado avanço genético em percentagem da média, juntamente com uma elevada hereditariedade.

Mohammed *et al.* (2017) realizaram uma experiência para conhecer a variabilidade, a hereditariedade e o avanço genético em quarenta e um genótipos de coentros para o rendimento e os seus atributos. Revelaram que foram observados coeficientes de variação fenotípicos e genotípicos elevados para todos os caracteres, exceto a altura da planta na colheita, 50 por cento de floração, umbelas por umbela, sementes por umbela e peso de 1000 sementes, que tinham coeficientes de variação fenotípicos e genotípicos moderados. A hereditariedade registou uma magnitude muito elevada para todos os caracteres. As estimativas de hereditariedade mais elevadas foram obtidas para a altura da planta no início da floração, seguida da altura da planta na colheita. O GA mais elevado em percentagem da média foi obtido para o teor de óleo essencial, seguido do rendimento de óleo essencial por hectare e do rendimento de sementes por planta.

Telugu *et al.* (2017) estudaram cinquenta genótipos de funcho e verificaram que a análise de variância indicou diferenças significativas elevadas entre os genótipos para todos os treze caracteres avaliados. A média geral e os valores de intervalo indicaram uma ampla variabilidade para a maioria dos caracteres avaliados. O PCV foi superior ao GCV correspondente para caracteres como altura da planta, ramos primários por planta, ramos secundários por planta, umbelas por umbela, dias até 50% de floração, sementes por umbela, sementes por umbela, rendimento de sementes por planta (g), rendimento de sementes por hectare (Q), índice de colheita (%) e peso de teste (%). Isto indica os caracteres de atribuição entre os genótipos avaliados e será melhorado através da seleção para o rendimento e caracteres de atribuição.

Desai *et al.* (2018) estudaram os parâmetros genéticos relativos ao rendimento e aos seus atributos de quarenta genótipos diferentes de coentros (*Coriandrum sativum* L.), e afirmaram que características quantitativas como a altura da planta, ramos primários por planta, ramos secundários por planta, umbelas por planta, sementes por umbela, peso de 1000 sementes, dias até à maturidade, índice de colheita de biomassa verde por planta e teor de óleo total apresentaram uma ampla gama de variabilidade, coeficiente de variabilidade genotípica e fenotípica máxima.

Gauhar *et al.* (2018) estudaram para estimar a variabilidade e a associação de caracteres de oitenta genótipos de coentros. Ele analisou a variabilidade para a maioria das características como número de folhas basais, altura da planta até a umbela principal, umbela por planta, número de folhetos por planta, folha basal mais longa, peso de teste, sementes por umbela, ramos primários por planta, altura da planta até o topo da planta, ramos secundários por planta, umbela por umbela, dias para 50% de floração e rendimento de sementes. Foram observadas estimativas mais elevadas de PCV, juntamente com GCV, bem como de hereditariedade em sentido lato, avanço genético e avanço genético em percentagem da média para o número de folhas basais, altura da planta até à umbela principal, umbela por planta, número de folíolos, folha basal mais longa, peso do teste, sementes por umbela, ramos primários por planta, altura da planta até ao topo da planta, ramos secundários por planta, umbelas por umbela, dias até 50% de floração e rendimento de sementes.

Jain *et al.* (2018) estudaram a extensão da variação e a herança de caracteres nos coentros. O estudo incluiu setenta e três genótipos em atributos de crescimento, ou seja, dias até 50% de floração, ramos por planta, altura da planta e atributos de rendimento, ou seja, nó de frutificação por planta, umbelas por planta, umbelas por umbela, frutos por umbelas, frutos por umbela, diâmetro da umbela (cm), altura da planta (cm), peso de teste (g) e rendimento por planta (g). O presente estudo revelou que foi observada uma ampla gama de variação para todas as características.

Patel *et al.* (2018) estudaram trinta genótipos de coentro que foram avaliados para estimativas de variabilidade, herdabilidade e avanço genético em dez características quantitativas, a *saber:* altura da planta, número de ramos por planta, dias para 50% de floração, dias para maturidade, número de umbelas por planta, número de umbelas por umbela, número de sementes por umbela, peso de mil sementes, teor de óleo volátil na semente e rendimento de sementes por planta. A análise de variância indicou a presença de uma quantidade considerável de diversidade no material. O PCV foi mais elevado do que o GCV para todas as características. O GCV e o PCV mais elevados foram observados para o rendimento de sementes por planta e o teor de óleo volátil nas sementes. Foram observadas altas estimativas de herdabilidade para peso de mil sementes, altura da planta, dias para 50% de floração, dias para maturação, produtividade de sementes por planta, número de sementes por umbela e número de umbelas por planta. O ganho genético variou entre os dias até à maturidade e o rendimento de sementes por planta. Também foram registados melhores ganhos para o teor de óleo volátil nas sementes, número de umbelas por planta e número de sementes por umbela. A elevada estimativa de GCV, PCV, hereditariedade e ganho genético para os diferentes caracteres sugere um provável papel dos efeitos de genes aditivos na expressão dos caracteres.

Sandhu *et al.* (2018) estudaram a relação entre a produção de sementes e os seus caracteres contribuintes, utilizando trinta genótipos diversos de coentros (*Coriandrum sativum* L.). As observações de doze caracteres diferentes foram registadas em cinco plantas seleccionadas aleatoriamente de cada repetição e a média foi utilizada para análise estatística. A análise de variância revelou diferenças altamente significativas entre os genótipos para todos os caracteres. A presença de diferenças altamente significativas estabeleceu a existência de uma grande variabilidade entre os genótipos. Observou-se um GCV elevado para o índice de colheita, produção de sementes por planta, peso de 100 sementes e dias até 50% de floração. Os valores de PCV foram mais elevados para o peso de 100 sementes, índice de colheita e rendimento de sementes por planta. Tanto o GCV como o PCV foram baixos para os dias até à maturação. A hereditariedade em sentido lato foi elevada para a produção de sementes por planta e para o índice de colheita. Uma alta estimativa de ganho genético foi observada para o número de folhas basais, comprimento da folha basal mais longa, número de ramos frutíferos, sementes por umbela, produção de sementes por planta, peso de 100 sementes e índice de colheita.

Thakur *et al.* (2018) estudaram vinte e oito genótipos de coentros que foram avaliados em 22 caracteres qualitativos e quantitativos para estudar a variabilidade genética. A análise de variância revelou uma variabilidade genética considerável nos genótipos avaliados. As estimativas de GCV e PCV foram altas para a relação caule-folha, peso seco do caule, peso da raiz, peso fresco do caule e rendimento da folhagem kg por parcela, indicando melhor margem para melhoria através da seleção simples. Estes caracteres também apresentaram estimativas elevadas de hereditariedade e ganho genético, indicando um tipo de ação genética aditiva.

Nagar *et al.* (2018) avaliaram vinte e oito genótipos para conhecer a variabilidade presente entre os ajwain. A análise de variância indicou que todos os genótipos eram significativamente diferentes em relação a todos os onze caracteres estudados. Ampla faixa de variação observada para umbelas por planta, ramos secundários por planta, altura da planta e rendimento biológico por planta. Pequena diferença entre PCV e GCV registada para os caracteres *viz.*, teor de óleo, umbelas por planta, rendimento biológico por planta. Foram registados ganhos genéticos elevados, juntamente com estimativas elevadas de hereditariedade e coeficiente de variação genética para umbelas por planta e rendimento de sementes por planta, enquanto que ganhos genéticos moderados e coeficiente genético com elevada hereditariedade para o teor de óleo de sementes em ajwain.

Nagappa *et al.* (2018) estudaram a hereditariedade no coentro, estimam que a alta hereditariedade, juntamente com o alto avanço genético em porcentagem da média, indica a operação da ação gênica aditiva, como observado no caso do número de ramos primários por planta, peso fresco (g), peso seco (g), número de umbelas por planta, número de esquizocarpos por umbela, número de esquizocarpos por planta, rendimento de ervas (g), índice de colheita (%), teor de óleo (%) e rendimento de grãos por planta (g). A hereditariedade moderada indica a ação de genes aditivos e não aditivos, tal como calculado no caso da altura da planta, do número de ramos secundários por planta, do número de folhas por planta, da área foliar, dos dias necessários para 50% de floração, do número de umbelas por umbela, do diâmetro da umbela (cm), dos dias necessários para a maturação e do peso de mil sementes (g).

A análise de variabilidade de Nandakumar *et al.* (2018) realizada para dezassete caracteres em vinte genótipos de coentros (*Coriandrum sativum L.*) revelou diferenças altamente significativas entre genótipos para todos os caracteres estudados. Foi observada uma elevada variação genotípica e fenotípica para caracteres como a altura das plantas, os ramos secundários e a dispersão das plantas. Foram observados coeficientes de variação genotípica e fenotípica elevados para a produção de sementes por planta, óleo essencial, produção de sementes por hectare e dispersão das plantas. Foi observado um elevado avanço genético para a dispersão das plantas, a produção de sementes por parcela e a altura das plantas aquando da colheita.

Subramaniyan *et al.* (2018) estudaram vinte genótipos de ajowan para estudar a variabilidade genética nos genótipos. O PCV e o GCV mais elevados foram registados pelas características *viz.*, número de flores por umbela, número de umbelas por planta, número de sementes por umbela. Os coeficientes de variação fenotípica e genotípica foram elevados para a produção de sementes por planta. O menor GCV foi observado para a altura da planta, dias para a primeira floração, dias para 50% de floração, número de ramos primários por planta, número de flores por umbela, percentagem de frutificação, número de sementes por umbela, peso de 1000 sementes. Foi registada uma elevada hereditariedade associada a um elevado avanço genético para o peso de 1000 sementes, a produção de sementes por planta, a produção de sementes por hectare, o número de umbelas por planta, o número de flores por umbela, o número de umbelas por umbela, o número de ramos secundários por planta, a percentagem de frutificação, a altura da planta e os dias necessários para 50% de floração.

Verma *et al.* (2018) estudaram os coentros com um desenho de blocos aumentados com cem genótipos, juntamente com três controlos em dez blocos, acomodando dez genótipos e três controlos em cada bloco. A análise de variação devido aos blocos foi altamente significativa para todos os caracteres, exceto para os dias até 50% de floração, e a variância devido aos controlos foi significativa para umbelas por planta, frutos por umbela e frutos por umbela, enquanto que, altamente significativa para ramos por planta e outros caracteres não são significativos. Com base no desempenho médio para o rendimento e componentes do rendimento, os genótipos NDCOR78, NDCor-63, NDCOR-79, NDCor-91 e NDCor-81 foram identificados como os mais promissores para o rendimento de sementes por planta. O GCV máximo foi observado para umbelas por planta e o PCV foi observado para rendimento de sementes por planta e o mais baixo para dias até 50% de floração, respetivamente.

Devi *et al.* (2019) descobriram a variabilidade genética em doze genótipos de coentros e os estudos foram realizados com base em vários parâmetros de variabilidade genética, como a produção de sementes por planta, o número de sementes por umbela, o número de folhas basais, o ramo primário por planta, os ramos secundários por planta e a altura da planta foram caracterizados por PCV, GCV, herdabilidade e avanço genético elevados, indicando a prevalência de ação genética aditiva que oferece boas possibilidades de melhoria adicional.

Singh *et al.* (2019) avaliaram trinta genótipos de ajwain quanto à sua variabilidade genética e hereditariedade. A análise de variância mostrou que a soma média do quadrado devido ao tratamento foi uma diferença altamente significativa para todos os dez caracteres, indicando a presença de variabilidade suficiente nos materiais estudados. O maior GCV e PCV foi exibido pelo peso de teste seguido pelo número de umbelas por umbela, peso de grãos por umbela e número de ramos primários por planta. Uma alta estimativa de hereditariedade em sentido amplo foi observada para os caracteres como peso de teste (93,19 por cento), número de umbelas por umbela (91,92 por cento) e número de ramos por planta (85,99 por cento). O avanço genético em percentagem da média foi maior no caso do peso de teste (37,45 por cento).

Shiwangi *et al.* (2020) estudou foi conduzido para conhecer a extensão da variabilidade
genética, a herdabilidade e o avanço genético em trinta genótipos de coentro no ano de 2018-
19 O experimento foi estabelecido em um projeto de bloco completo randomizado com duas
repetições. Foram registadas observações sobre as vinte características de crescimento,
precocidade, rendimento e qualidade. O experimento revelou que uma boa quantidade de
variabilidade está presente na coleção de coentro e a maioria dos caracteres tem alto GCV,
PCV, herdabilidade e GAM, exceto altura da planta, comprimento do pecíolo e comprimento
da raiz aos 50 DAS. Por conseguinte, deve ser dada maior ênfase a estes caracteres durante a
seleção para um maior rendimento foliar e características relacionadas com o rendimento.

2.2 ANÁLISE DO COEFICIENTE DE CORRELAÇÃO E DE TRAJECTÓRIA

A produção de sementes é um carácter que é influenciado por um certo número de
características que contribuem para a sua obtenção e as estimativas das inter-relações
entre os seus atributos facilitariam esquemas de seleção eficazes para melhorar a
produção de sementes. Os estudos de correlação permitem uma melhor compreensão
dos componentes do rendimento, o que ajuda o melhorador de plantas durante a
seleção (Johnson *et al.*, 1955). O conceito de correlação foi dado por Galton (1889) e
mais tarde foi elaborado por Fisher (1918). O coeficiente de correlação é útil como
base para a seleção de progenitores desejáveis.

O rendimento é um carácter complexo, que é influenciado por muitos componentes
ou características contribuintes, tanto através de efeitos directos como indirectos.
Geralmente, a seleção direta para o rendimento não é suficientemente eficaz devido à
sua baixa hereditariedade e é desejável selecionar indiretamente através de
características componentes para melhorar o rendimento. A análise do caminho ajuda
a resolver a correlação que indica os efeitos directos e indirectos de vários caracteres
componentes na produção de sementes. A técnica de análise do coeficiente de caminho
foi desenvolvida por Wright (1921) e ainda é considerada uma ferramenta valiosa para
detetar o mérito real dos caracteres que contribuem para o rendimento. Assim, é
resumida a revisão relativa à correlação e ao coeficiente de trajetória entre os diferentes
caracteres que contribuem para a produção de ajwain.

Rajput *et al.* (2004) efectuaram um estudo de coeficiente de caminho no funcho e
referiram que o índice de colheita teve o efeito mais elevado no rendimento de

sementes por planta, seguido do rendimento biológico, umbelas por planta e sementes por umbela.

Paliwal *et al.* (2005) estudaram que a produção de sementes por planta apresentava uma correlação positiva e significativa com umbelas por planta, umbelas por umbela e peso de 1000 sementes, tanto a nível genotípico como fenotípico, ao passo que os dias até 50% de floração, os dias até à maturação e o óleo gordo apresentavam uma correlação negativa e significativa com a produção de sementes. A análise do coeficiente de caminho revelou que caracteres como umbelas por planta, umbelas por umbela e floração precoce foram importantes para a seleção de genótipos de elevado rendimento, uma vez que exerceram um efeito direto positivo, bem como uma correlação significativa com a produção de sementes, tanto a nível genotípico como fenotípico.　　　　　Umbelas por umbela, peso de 1000 sementes parecem ser componentes de rendimento importantes na ajwain para aumentar o rendimento.

Shrivastava *et al.* (2005) estudaram quarenta genótipos de ajwain (*Trachyspermum ammi* L), incluindo o controlo local, para efetuar estudos de correlação que indicaram que a altura da planta, o número de ramos secundários, os dias até à floração, os dias até à maturidade e o número de umbelas por planta eram os principais componentes do rendimento, uma vez que estes caracteres estavam positivamente correlacionados com o rendimento, enquanto o número de ramos primários, o número de umbelas por umbela e o número de sementes por umbela, estando negativamente correlacionados com o rendimento, eram menos importantes. Assim, caracteres como a altura da planta, o número de ramos secundários, os dias até à floração, os dias até à maturação e o número de umbelas devem ser tidos em conta na seleção para melhorar o rendimento da ajwain.

Tripathi *et al.* (2005) estudaram a análise do coeficiente de caminho em quarenta genótipos de ajwain para determinar os efeitos directos e indirectos na produção de sementes através de: altura da planta, número de ramos primários, número de ramos secundários, dias até à floração, dias até à maturidade, número de umbelas por planta, número de umbelas por umbela, número de sementes por planta e peso de 1000 sementes. Os dias até à floração tiveram o maior efeito direto na produção de sementes, seguidos dos dias até à maturidade e do número de umbelas por planta. A altura da planta, o número de ramos primários e o número de sementes por umbela tiveram um efeito direto fraco na produção de sementes. O efeito residual reflecte que alguns dos caracteres importantes foram deixados para estudo na presente investigação.

Singh *et al.* (2006) referiram que a produção de sementes por planta estava positivamente correlacionada com a altura da planta, ramos por planta, umbelas por planta, umbelas por planta e sementes por umbela e negativamente correlacionada com os dias até 50 por cento de floração nos coentros.

Cosge *et al.* (2009) estudaram o rendimento de sementes e alguns componentes do rendimento de vinte linhas de funcho doce *(Foeniculum vulgare* L.). A correlação positiva mais elevada foi registada entre o rendimento biológico e o rendimento de uma única planta. A altura da planta, o número de ramos, o número de umbelas e as umbelas tiveram um efeito positivo no rendimento de uma única planta. O peso de mil sementes foi negativamente correlacionado com a percentagem de óleo essencial. O maior efeito positivo e direto sobre o rendimento das sementes foi demonstrado pelo número de umbelas, enquanto o máximo contributo negativo e direto para o mesmo foi dado pelo rendimento biológico. Além disso, a produção de uma única planta, a altura da planta e o peso de mil sementes afectaram positivamente a produção de sementes. O rendimento de uma única planta teve um efeito direto máximo na percentagem de óleo essencial, seguido da altura da planta e do número de ramos. Em conclusão, pode sugerir-se que a produção de uma única planta, o número de umbelas e a altura da planta são bons critérios de seleção fenotípica para melhorar a produção de sementes e a percentagem de óleo essencial do funcho doce.

Meena *et al.* (2009) verificaram que as umbelas por umbela, o ângulo dos ramos primários, as umbelas por planta, as sementes por umbela e o comprimento de um nó inferior do caule a partir da superfície do solo tiveram um forte efeito positivo. Enquanto que o comprimento de um nó superior do caule a partir da superfície do solo, a altura primária, o diâmetro da umbela, o comprimento do nó médio do caule a partir da superfície do solo, o número de ramos primários e o peso do teste têm um efeito negativo. Estes componentes de rendimento podem ser um bom critério de seleção para melhorar o rendimento de sementes de funcho.

Meena *et al.* (2010) estudaram trinta genótipos diversos de coentros e observaram que a produção de sementes por planta apresentava uma correlação positiva e significativa com o número de umbelas por planta e o número de umbelas por planta, tanto a nível genotípico como fenotípico.

Dalkani *et al.* (2011) investigaram dez populações de ajwain para explorar a associação entre componentes de rendimento e os seus efeitos directos e indirectos no rendimento de sementes de ajwain. Foram calculados os coeficientes de correlação entre dezasseis características estudadas. Foram detectadas correlações positivas e significativas entre o rendimento de uma única planta e a maioria das características estudadas, enquanto a correlação entre o rendimento de uma única planta e o comprimento do período de maturação foi negativa e significativa (r = -0,41). Foi utilizada uma análise sequencial de caminhos para ordenar as várias variáveis com base no seu efeito direto máximo e colinearidade mínima. Com base na análise do caminho sequencial, a altura da planta e o número de umbelas por planta podem ser utilizados como critérios de seleção para melhorar a produção de sementes em programas de melhoramento de ajwain.

Dashora e Sastry (2011) estudaram quarenta e cinco genótipos de funcho para caracteres quantitativos e revelaram que as sementes por umbela tiveram o maior efeito direto no rendimento de sementes, seguido do peso de teste e do rendimento biológico por planta. Por conseguinte, deve ser dada maior ênfase a estes caracteres durante a seleção para um maior rendimento e características relacionadas. As umbelas por umbela, as sementes por umbela, o rendimento biológico por planta e o índice de colheita apresentaram uma correlação positiva e significativa com a produção de sementes.

Singh *et al.* (2011) estudaram nos coentros que a produção de sementes estava significativa e positivamente correlacionada com os seus caracteres componentes, como o número de ramos primários por planta, o número de ramos secundários por planta, o número de umbelas por planta, o número de umbelas por planta, o número de sementes por umbela e o diâmetro da umbela, tanto a nível genotípico como fenotípico nos coentros. Assim, os dados revelaram que a correlação positiva mais elevada apareceu entre o número de umbelas por planta e a produção de sementes, enquanto a correlação positiva mais baixa foi expressa entre o número de umbelas por planta e o peso de 1000 sementes.

Pandey *et al.* (2012) estudaram trinta e cinco genótipos de coentros em dez caracteres. A produção de sementes por planta mostrou uma correlação positiva altamente significativa com o número de umbelas por planta, o número de umbelas por umbela, o peso de teste e os dias até à maturidade, indicando que a seleção feita com base nestas características ajudará a aumentar a produção de sementes.

Kassahun *et al.* (2013) mediram e testaram estatisticamente dados relativos a quinze características agronómicas e de qualidade. Verificaram que a maioria das características apresentava coeficientes de correlação elevados a nível genotípico do que a nível fenotípico, demonstrando associações intrínsecas entre as características. As sementes por planta e o peso de mil sementes foram significativa e positivamente associados à produção de sementes por planta, tanto a nível fenotípico como genotípico, nos coentros. Os teores de óleo essencial e de óleo gordo foram associados negativamente à maioria das características estudadas. A análise do caminho revelou que os dias até 50% de floração, o comprimento da folha basal mais longa, a altura da planta, os dias até 50% de maturação e as sementes por umbela exerceram um efeito direto positivo na produção de sementes por planta, indicando que a seleção utilizando estas características seria eficaz para melhorar a produção de sementes no coentro.

Nair *et al.* (2013) estudaram a produção de sementes de coentros por planta, que apresentou uma correlação positiva e significativa com o número de frutos por umbela. O número de frutos por umbela expressou uma correlação positiva e significativa com o número de frutos por umbela e o peso de 1000 sementes. Os dias até 50 por cento de floração tiveram o efeito direto positivo mais elevado no rendimento de sementes por planta, seguido do número de umbelas por umbela, número de frutos por umbela e teor de clorofila aos 60 DAS.

Dyulgerov *et al.* (2014) estudaram o coeficiente de correlação em coentros. Observaram que a produção de frutos apresentou uma correlação significativamente positiva com o número de umbelas por planta (r = 0,858) e o peso do fruto por planta (r = 0,789). Assim, os resultados sugerem que o número de umbelas por planta pode ser considerado como um carácter importante em programas de melhoramento genético que visem a melhoria da produtividade do coentro.

Safidan *et al.* (2014) relataram em 19 populações com 3 repetições em funcho teve uma correlação positiva com o número de umbelas, número de sementes por umbela, índice de colheita, teor de óleo essencial e comprimento do primeiro entrenó.

Sravanthi *et al.* (2014) avaliaram vinte e cinco genótipos de coentro (*Coriandrum sativum* L.) para estimar o coeficiente de correlação em um projeto de blocos completos aleatórios com três repetições. A produção de sementes por planta apresentou correlação positiva e significativa com a altura da planta, a dispersão da planta, o peso fresco e seco da planta, os dias até 50% de floração, o número de umbelas por planta, o número de sementes por umbela, os dias até a maturidade da semente e o índice de colheita.

Ghanshyam *et al.* (2015) estimaram a correlação e a análise de caminho de vinte e oito germoplasma para dez caracteres em ajwain (*Trachyspermum ammi* L.). O estudo de associação entre caracteres revelou que a produção de sementes estava positiva e significativamente correlacionada com o número de umbelas por planta. A análise do coeficiente de caminho revelou que o número de umbelas por planta teve um efeito direto positivo máximo na produção de sementes por planta.

Jeeterwal (2015) estudou a variabilidade genética em cento e sete linhas consanguíneas de funcho (*Foeniculum vulgare* Mill.) e descobriu que o rendimento de sementes por planta estava significativamente e positivamente correlacionado com ramos por planta e altura da planta. Assim, esta caraterística pode ser utilizada como um fator eficaz nos programas de melhoramento do funcho para aumentar a produção de sementes. A análise do caminho no funcho e revelou que características como ramos por planta, altura da planta e peso de 1000 sementes revelaram um efeito altamente positivo e direto, bem como uma correlação positiva com a produção de sementes por planta.

Kumar *et al.* (2016) estudaram o coeficiente de correlação e a análise de trajetória nos vinte e cinco genótipos de coentros. Os vinte e cinco genótipos de coentros são Hissar-5, RCr-435 IC-146683), MKSM-1059, MDCor-330, MKSM-1116, ACR-1 Austrália, Sindhu, MKSM-1111, UD-401, ACr-139, VOV/GL-137, Dhania-397, ACr-

13, JCO-329, MKSM-1110, ACr-173, MKSM-1091, VDV/GL-37, SKCV-09-40, NDCor-43, MKSM-1101, RCr-41 e VDV/GL-2. As observações foram registadas em dez caracteres, nomeadamente altura da planta (cm), número de ramos secundários por planta, dias até 50% de floração, número de umbelas por planta, número de umbelas por umbela, dias até à maturidade, número de sementes por umbela, peso de teste, rendimento de sementes por planta (g) e rendimento de sementes por parcela (kg). Os genótipos mais desejáveis identificados para caracteres específicos foram MKSM-1110 para altura da planta, MKSM-1110 para número de ramos secundários, Hissar-5 para dia até 50% de floração, VOV/GL-137 para número de umbelas por planta, Sindhu para número de umbelas por umbela, Hissar-5 para dias até a maturidade, Acr-139 para peso de teste, MKSM-1110 para número de sementes por umbelas e UD-401 para rendimento de sementes por planta.

Meena *et al.* (2016) estudaram vinte e cinco genótipos de elite de ajwain, juntamente com três controlos, que foram avaliados em quatro ambientes diferentes para compreender a contribuição de vários caracteres para o rendimento. Os coeficientes de correlação genotípica foram mais elevados do que os fenotípicos correspondentes para a maioria das combinações de caracteres. O rendimento biológico e o peso de teste tiveram uma associação positiva e significativa com o rendimento de sementes. O rendimento biológico mostrou um efeito direto positivo máximo, seguido do número de ramos primários por planta, altura da planta, número de umbelas por umbela e teor de óleo. A produção biológica e o peso de teste foram os caracteres mais importantes que contribuíram para a produção de sementes e podem ser estrategicamente utilizados no processo de seleção para melhorar a produção de sementes de ajwain em condições de crescimento tardio.

Harishchand *et al.* (2017), num estudo sobre coentros, revelaram que a produção de sementes por parcela apresentou uma correlação significativa e positiva com o peso do teste, seguida da produção de sementes por planta. O efeito direto positivo mais elevado na produção de sementes por planta (g) foi exibido pelo peso de teste seguido de ramos secundários por planta e umbelas por umbela. A análise do coeficiente de caminho mostrou que o efeito direto positivo mais elevado na produção de sementes por planta (g) foi apresentado pelo peso do teste, seguido dos ramos secundários por planta e das umbelas por umbela. Por conseguinte, deve ser dada maior ênfase a estes caracteres durante a seleção para um maior rendimento e características relacionadas.

Kumar *et al.* (2017) estudaram a associação de caracteres dos coentros e indicaram que a produção de sementes (kg por hectare) tinha uma correlação significativa e positiva com a altura da planta até à umbela principal, a altura da planta incluindo as umbelas principais, o número de frutos por umbela, a produção de sementes por parcela e a produção de sementes por planta. A análise do coeficiente de caminho revelou que o maior efeito direto foi mostrado pelo rendimento de sementes por parcela, em direção ao rendimento de sementes (kg por hectare), seguido pelo número de frutos por umbelas, rendimento de sementes por planta, peso de 1000 sementes, dias até 50 por cento de floração, número de ramos primários por planta e altura da planta até às umbelas principais.

Mishra *et al.* (2017) estudaram quinze genótipos geneticamente diferentes de coentros em condições agro-climáticas de Allahabad. Estudou alguns traços como a altura da planta, ramos primários por planta, número de umbelas por planta, número de umbelas por umbela, diâmetro da umbela, número de sementes por umbela e peso de teste (1000 sementes) mostraram correlação positiva significativa com o rendimento de sementes por planta a nível fenotípico e genotípico. O número de sementes por umbela apresentou o maior efeito direto positivo a nível genotípico.

Shivprasad *et al.* (2017) estudaram os coentros e verificaram que mais características apresentavam coeficientes de correlação elevados a nível genotípico do que a nível fenotípico, demonstrando associações inerentes entre os caracteres. A produção de sementes por planta foi associada significativa e positivamente ao número de sementes por umbela, umbelas por umbela, umbelas por planta e ramos secundários, tanto a nível genotípico como fenotípico. No que diz respeito à análise de percurso, o número de folhas basais, o comprimento das folhas basais, os ramos secundários, as umbelas por planta, as sementes por umbela, o número de sementes por umbela e o peso do teste exerceram um efeito direto positivo no rendimento de sementes por planta, indicando que a seleção baseada nestes caracteres seria eficaz para melhorar o rendimento de sementes em linhas de germoplasma de coentros.

Desai *et al.* (2018) estudaram os parâmetros genéticos relativos ao rendimento e aos seus atributos de quarenta genótipos diferentes de coentros (*Coriandrum sativum L.*), e afirmaram que o rendimento das sementes estava positivamente associado a vários caracteres como a altura da planta, ramos primários por planta, ramos secundários por planta, umbelas por planta, umbelas por umbela e sementes por umbela.

Faravani *et al.* (2018) estudaram vinte e sete genótipos de ajwain para avaliar as características morfológicas e fenológicas e também para medir a percentagem de óleo essencial, o rendimento e os componentes do rendimento. Os estudos mostraram que houve uma diferença significativa entre os ecótipos investigados de Ajwain para os seguintes caracteres *viz.* altura da planta, número de ramos por planta, número de umbelas por planta, número de umbelas em umbelas, rendimento biológico, rendimento de planta única e para o número de ramos secundários por planta e teor de óleo ao nível de 5 por cento de probabilidade. O efeito positivo direto mais elevado (0,39) no rendimento de óleo essencial foi observado para o peso total da planta, que teve uma correlação positiva e elevada (r=0,53) com o dia até à fase de maturação. O número de ramos e o número de umbelas por planta tiveram o efeito mais direto no rendimento de grãos e no óleo essencial.

Kumar *et al.* (2018) estudaram dezasseis variedades de coentros (*Coriandrum sativum L.*) para estimar a associação da produção de sementes com outras características. A produção de sementes por planta apresentou uma correlação positiva e significativa com a altura da planta, o número de ramos primários por planta, o peso seco da planta, o número de umbelas por planta, o número de umbelas por umbela, o número de sementes por umbela, o peso de teste e o índice de colheita.

Nagappa. (2018) estudou durante a estação *rabi* em coentro (*Coriandrum sativum L.*) trinta genótipos foram avaliados o coeficiente de correlação em Randomized Complete Block Design com duas replicações. rendimento de grãos por planta exibiu a análise de caminho indicou que a área foliar, peso fresco, peso seco, número de umbelas por planta, número de umbelas por umbela, diâmetro do umbela, , dias levados para a maturidade, índice de colheita, peso de mil sementes e teor de óleo tiveram efeitos positivos diretos no rendimento de grãos por planta em nível fenotípico e genotípico. Por conseguinte, deve ser dada grande ênfase aos caracteres acima referidos durante a seleção de características relacionadas com o crescimento e o rendimento.

Sandhu *et al.* (2018) estudaram a relação entre a produção de sementes e os seus caracteres contribuintes, utilizando 30 genótipos diversos de coentros. Os estudos de correlação fenotípica e genotípica revelaram que o rendimento de sementes por planta estava positiva e significativamente correlacionado com o índice de colheita, o peso de 1000 sementes, o número de ramos frutíferos e umbelas por planta. A análise do caminho revelou que o efeito direto e positivo máximo se deveu ao índice de colheita, seguido das sementes por umbela, do peso de 1000 sementes e das umbelas por planta.

Subramaniyan *et al.* (2018) estudaram vinte genótipos de ajowan para estudar a correlação e a análise de percurso. O estudo de correlação mostrou que existe uma correlação positiva entre os traços *viz.*, número de umbelas por umbela, número de flores por umbela, número de sementes por umbela e rendimento de sementes por planta, tanto a nível genotípico como fenotípico. A análise do caminho revelou que as características *vizinhas*, rendimento de sementes por planta, número de ramos secundários por planta, número de sementes por umbela e percentagem de frutificação tiveram um efeito direto positivo no rendimento de sementes por hectare, sugerindo que tais características poderiam ser seleccionadas em futuros programas de melhoramento.

Yadav *et al.* (2018) avaliaram dezanove genótipos com várias características em coentros para conhecer a natureza da associação entre si. Revelaram que a produção de sementes por planta estava positiva e significativamente associada a umbelas por planta, dias até à maturidade, peso de 1000 sementes, biomassa por planta e índice de colheita. A altura da planta mostrou uma correlação positiva e significativa com umbelas por planta e peso de 1000 sementes.

Chauhan *et al.* (2019) estudaram os coeficientes de correlação fenotípica e genotípica dos coentros entre diferentes caracteres e mostraram que o rendimento de sementes por planta tinha uma associação positiva e significativa com o peso de teste, o número de umbelas por planta, a altura da planta, o número de frutos por umbela, o número de umbelas por umbela e o número de frutos por umbela. A análise do coeficiente de caminho revelou que o efeito direto positivo máximo para a produção de sementes por planta foi contribuído por frutos por umbela, umbela por planta, dias para 50% de floração, dias para o desdobramento da primeira umbela, peso de teste e ramos primários, indicando assim a importância destas características para o melhoramento da produção de coentros através de seleção direta ou indireta.

Singh *et al.* (2019) estudaram a correlação e a análise de caminhos para estabelecer a extensão da associação entre o rendimento e os seus componentes e também para revelar a importância relativa dos seus efeitos directos e indirectos e, assim, dar uma compreensão clara da sua associação com o rendimento das sementes. Os materiais experimentais consistiram em trinta linhas de germoplasma diversas para o estudo da associação de caracteres entre caracteres, revelando que a produção de sementes por planta estava positiva e significativamente correlacionada com o número de umbelas por planta, o peso dos grãos por umbela, a altura da planta e o peso de 1000 sementes. A análise do coeficiente de caminho revelou que o peso dos grãos por umbela, o número de umbelas por planta, a altura da planta, os dias até à maturidade e o peso de 1000 sementes tiveram um efeito direto positivo máximo na produção de sementes por planta. Consequentemente, o melhoramento simultâneo destas características por seleção melhorará a produção de sementes de ajwain.

2.3 DIVERGÊNCIA GENÉTICA

A escolha de progenitores geneticamente diversos para hibridação é uma caraterística importante de qualquer programa de melhoramento de culturas para obter segregantes desejáveis. Foram desenvolvidos vários métodos para medir a divergência entre populações utilizando a análise multivariada, como o coeficiente de semelhança racial (Pearson, 1926), a regressão múltipla (Hotelling, 1936), a função discriminante (Fisher, 1936) e a estatística D^2 (Mahalanobis, 1936). De entre estes métodos, a estatística D^2 é uma ferramenta potencial para obter estimativas quantitativas da divergência entre populações biológicas e tem sido amplamente aplicada para avaliar a diversidade genética. O conceito de distância generalizada dado por Mahalanobis (1936) baseia-se na análise multivariada de características quantitativas e tem sido utilizado com êxito por muitos trabalhadores para medir a divergência genética em várias culturas arvenses. A literatura relativa à divergência genética em ajwain foi revista da seguinte forma.

Paliwal *et al.* (2005) estudaram cinquenta e oito genótipos de ajowan, incluindo três controlos GA-1, pratap ajowan-1 e local, colhidos em diferentes partes da Índia, para determinar a sua divergência genética, seguindo a análise D^2 para sete caracteres. Com base na análise D, os 58 genótipos foram agrupados em sete grupos. O número máximo de genótipos (29) foi incluído no agrupamento I, 11 genótipos no agrupamento II, 5 genótipos no III, 2 genótipos no IV, 6 genótipos no agrupamento V, 4 genótipos no VI e o agrupamento VII era do tipo monogenotípico. O padrão de constelações de grupos provou que a diversidade geográfica não tem necessariamente de estar relacionada com a diversidade genética. O agrupamento V apresentou a distância intra-agrupamento máxima (13,227) no que respeita às distâncias inter-agrupamento, o agrupamento VI apresentou a distância genética máxima do agrupamento IV, seguido do 1 e do V. As médias dos agrupamentos para diferentes caracteres mostraram que os genótipos incluídos no agrupamento V apresentaram uma produção máxima de sementes por planta, umbelas por planta e umbelas por umbela. Os genótipos do grupo IV apresentam um peso máximo de 1000 sementes e maturidade precoce, enquanto os genótipos do grupo III apresentam uma floração precoce. Os genótipos do grupo VI apresentaram o máximo de óleo gordo (%). Seleção posterior e escolha dos progenitores para hibridação. Os factores que mais contribuíram para a divergência genética foram o óleo gordo (por cento), seguido da produção de sementes por planta e dos dias até 50 por cento de floração.

Singh *et al.* (2005) estudaram setenta linhas de germoplasma de coentros (*Coriandrum sativum L.*) de diversas origens eco-geográficas, tendo realizado o presente estudo para determinar a divergência genética após análise multivariada e canónica para a produção de sementes. Os setenta genótipos foram agrupados em nove grupos, em função da arquitetura genética dos genótipos e da uniformidade dos caracteres, e confirmados pela análise canónica. Tendo em conta a elevada distância média e entre grupos, foi discutido um plano de melhoramento para selecionar tipos de plantas desejáveis.

Mengesha *et al.* (2010) estudaram a divergência genética entre quarenta e nove acessos de coentros da Etiópia (*Coriandrum sativum L.*), utilizando a análise da distância de Mahalanobi (D^2) com base em quinze caracteres. Os acessos foram agrupados em oito grupos. Os agrupamentos II e III foram os maiores, cada um com doze acessos, seguidos pelos agrupamentos I e V, cada um com sete acessos. A maior distância entre clusters (480,5) foi observada entre os clusters I e VIII, seguida pelos clusters V e VIII (462,2), e depois pelos clusters II e VIII (336,1). Assim, o cruzamento entre os acessos incluídos nestes agrupamentos pode dar uma resposta heterótica elevada e, por conseguinte, melhores sargentos.

Miheretu (2013) estudou em coentros a divergência genética de vinte e cinco raças terrestres, utilizando a análise de componentes principais e de agrupamentos com base em oito caracteres. Os acessos foram agrupados em cinco grupos. O agrupamento I foi o maior, constituído por dezanove acessos. Observou-se uma elevada distância inter-agrupamentos (47,42) entre o agrupamento IV, os agrupamentos II e IV (47,33) e os agrupamentos I e IV (41,47), indicando a presença de uma diversidade genética substancial na composição genética dos acessos incluídos nestes agrupamentos.

Awas *et al.* (2017) estudaram a divergência genética dos oitenta e um genótipos de coentros, que foram agrupados em oito grupos utilizando a estatística Mahalanobis D^2. O maior agrupamento (II) e o menor agrupamento (VIII) contêm cerca de 51,8% e 2,4% dos genótipos estudados, respetivamente. A distância máxima e mínima intra-agrupamento foi observada nos agrupamentos II e VIII (D^2 =7,48 e 1,31, respetivamente). A distância máxima inter-agrupamentos foi observada entre os agrupamentos VI e VIII (D^2 = 329,85) e a distância mínima foi observada entre os agrupamentos I e IV (D^2 =19,02), sugerindo a possibilidade de obter genótipos adequados para o programa de hibridação entre os genótipos.

Dhakar *et al.* (2017) estudaram a divergência genética em 19 genótipos de funcho. Entre os 13 caracteres estudados para divergência genética, a produção de sementes por parcela (kg) contribuiu com o máximo, representando 49,12% da divergência total, seguida pelo número de umbelas por planta, 29,82%.

Singh *et al.* (2017) avaliaram trinta genótipos de ajwain para dez caracteres, utilizando análises Mahalanobis D^2. Os genótipos em estudo agruparam-se em seis grupos. Entre os seis agrupamentos, o agrupamento IV foi o maior, compreendendo sete genótipos. A distância inter-cluster foi maior do que a distância intra-cluster, sugerindo uma maior diversidade genética entre os genótipos de diferentes grupos. As distâncias intra-agrupamento máximas e mínimas foram encontradas no agrupamento IV (83,61) e no agrupamento VI (29,15), respetivamente. Os valores D^2 inter-agrupamentos foram máximos entre os agrupamentos III e IV (198,03), indicando uma grande diversidade genética entre estes dois agrupamentos.

Gauhar *et al.* (2018) estudaram a diversidade genética em oitenta e cinco genótipos de coentros para quinze características de rendimento e de contribuição para o rendimento. Com base na distância euclidiana, os genótipos foram agrupados em sete grupos. O agrupamento II consistiu no genótipo máximo (37) com uma distância intra-agrupamento máxima de 40,84. Os agrupamentos I, III, IV e VI tinham 4, 11, 17 e 14 genótipos, respetivamente. Enquanto que o grupo V e o grupo VII tinham apenas um genótipo. A distância inter-agrupamentos máxima foi observada entre os agrupamentos V e VII (109,74), I e VII (102,59). Os grupos VII, VI e II apresentaram o valor médio mais elevado.

Nagar *et al.* (2019) estudaram vinte e oito genótipos de ajwain (*Trachyspermum ammi* L.) agrupados em 5 clusters com base no valor D^2 , o cluster dois inclui o genótipo máximo seguido pelo cluster I e II. O valor médio inter-agrupamentos foi encontrado no máximo entre os agrupamentos III e IV, enquanto o valor máximo intra-agrupamentos foi registado no agrupamento V. O teor de óleo das sementes contribuiu ao máximo para a divergência genética.

III.   MATERIAIS E MÉTODOS

A presente investigação intitulada **"ESTUDOS GENÉTICOS DO RENDIMENTO DAS SEMENTES E SEUS ATRIBUTOS EM AJWAIN (*Trachyspermum ammi* L.)"** foi planeada durante a época *rabi* do ano 2019-20 na Agronomy Instruction Farm, Sardarkrushinagar Dantiwada Agricultural University, Sardarkrushinagar. Os pormenores do material utilizado e os métodos adoptados durante o presente inquérito são descritos neste capítulo sob os seguintes títulos.

3.1   SÍTIO EXPERIMENTAL E CONDIÇÕES CLIMÁTICAS

O solo da parcela experimental é profundo e bem drenado, com uma textura franco-arenosa e um pH de 7,3. Geograficamente, Sardarkrushinagar está situada a 24° 19' de latitude norte e 72° 19' de longitude leste, com uma altitude de 154,52 metros acima do nível médio do mar. As condições climatéricas durante o período de cultivo foram normais e favoráveis ao crescimento das culturas. Os dados meteorológicos para a época de cultivo são apresentados no Apêndice A.

3.2   MATERIAL EXPERIMENTAL

O material experimental para o presente estudo incluiu 40 genótipos de ajwain. Estes genótipos foram obtidos na Estação de Investigação de Sementes de Especiarias, Universidade Agrícola de Sardarkrushinagar Dantiwada, Jagudan, Mehsana. Os pormenores dos genótipos seleccionados são apresentados no quadro 3.1.

3.3   PORMENORES EXPERIMENTAIS

O material experimental é constituído por 40 genótipos de ajwain que foram cultivados em blocos aleatórios (RBD) com três repetições. O material experimental foi semeado no campo durante o *rabi* no ano de 2019-20 na Fazenda de Instrução Agronômica, Universidade Agrícola de Sardarkrushinagar Dantiwada, Sardarkrushinagar. Foram semeadas duas linhas de cada genótipo numa parcela de uma linha de 4,0 m de comprimento, com um espaçamento de 45 cm entre duas linhas e 10 cm de planta para planta. Os genótipos foram distribuídos aleatoriamente pelas parcelas em cada repetição. Todas as práticas agronómicas recomendadas, juntamente com as medidas de proteção fitossanitária necessárias, foram seguidas atempadamente para o êxito da cultura.

3.4 CARACTERES ESTUDADOS

Em cada parcela, foram seleccionadas aleatoriamente cinco plantas competitivas e marcadas, excluindo as terminais, para minimizar os efeitos de fronteira. As observações foram registadas nestas cinco plantas seleccionadas ao acaso em cada linha e em cada repetição e os seus valores médios foram utilizados para análise estatística. O procedimento adotado para registar as observações é descrito a seguir.

Tabela: 3.1 Lista dos genótipos utilizados no presente estudo

N.º Sr.	Genótipo	N.º Sr.	Genótipo
1	LS 14-3	21	JA 17-06
2	HAJ-07	22	JA 18-01
3	LS 14-08	23	JA 18-02
4	JA-01	24	JA 18 -03
5	JA -187	25	JA 18-04
6	JA-190	26	JA 18-05
7	NDAJ-10	27	JA 18-06
8	NDAJ-11	28	JA 18-07
9	AA-73	29	JA 18-08
10	AA-06	30	MLT 60
11	AA-01	31	NS 1
12	AA-02	32	NDAJ 1
13	HAJ-18	33	NDAJ 6
14	JA 16-06	34	NDAJ 7
15	JA 16-01	35	NDAJ 14
16	JA 111	36	JA 07-01
17	JA 218	37	JA 07-06
18	JA 219	38	JA 2013-4
19	JA 17-01	39	AG 1
20	JA 17-02	40	AG 2

Fonte: Estação de Investigação de Sementes de Especiarias, S.D.A.U.Jagudan.

3.4.1 Dias até à floração

O número de dias entre a data de sementeira e a data de aparecimento da flor em cerca de 50% das plantas de uma parcela foi registado numa base visual.

3.4. 2Dias até ao vencimento(n)

O número de dias desde a data de sementeira até à data de maturidade fisiológica de 80 por cento das plantas foi registado numa base visual.

3.4.   3Altura da planta   (cm)

A altura das plantas foi medida da base da planta até à ponta do eixo principal na altura da maturidade de cinco plantas seleccionadas aleatoriamente e foi calculada a média.

3.4.4 Número de ramos por planta (n)

O número de ramos de cinco plantas seleccionadas aleatoriamente foi contado e registado no momento da maturidade, tendo sido calculada a média por planta.

3.4.5 Número de umbelas por planta (n)

Na altura da maturidade, o número total de umbelas foi registado em cinco plantas seleccionadas aleatoriamente e a média foi calculada.

3.4.6 Número de umbelletes por umbela

O número total de umbelas na umbela principal composta foi contado no momento da maturidade em cinco plantas seleccionadas aleatoriamente e a média foi calculada.

3.4.7 Número de sementes por umbela

O número de sementes presentes na umbela foi contado em cinco plantas seleccionadas ao acaso e a média foi estimada.

3.4.8 Rendimento de sementes por planta (g)

A produção de sementes obtida das cinco plantas marcadas ao acaso foi pesada e calculada em média numa balança eletrónica de prato único e a média foi expressa como produção de sementes por planta em gramas.

3.4.9 Rendimento biológico por planta (g)

Após a colheita e a secagem ao sol, todas as cinco plantas marcadas ao acaso foram pesadas numa balança eletrónica de prato único e a média foi expressa como rendimento biológico por planta em gramas.

3.4.10 Índice de colheita (em percentagem)

O índice de colheita foi calculado através da seguinte fórmula:

$$\text{Índice de colheita (em percentagem)} = \frac{\text{Rendimento económico(g)}}{} \times 100$$

Rendimento biológico (g)

3.4.11 Peso de ensaio (g)

Foram contadas ao acaso mil sementes do produto a granel de cinco plantas seleccionadas e pesadas em gramas.

3.4.12 Óleo volátil (por cento)

O teor de óleo essencial foi estimado pelo método de destilação em água. Para o efeito, foi retirada uma amostra aleatória do grosso das sementes de cada genótipo de cada replicação.

3.5 Análise estatística

Os valores médios de cinco plantas seleccionadas ao acaso em cada entrada foram utilizados para a análise estatística dos diferentes caracteres em estudo. Os dados registados para os vários caracteres foram analisados estatisticamente na sala de computadores do Departamento de Estatística Agrícola da Escola Superior de Agricultura Chimanbhai Patel, Universidade Agrícola de Sardarkrushinagar Dantiwada, Sardarkrushinagar, para os vários parâmetros nos seguintes subtítulos

3.5.1Análise de variância

3.5.2Estimação   das componentes de variância

3.5.3 Coeficiente   de correlação

3.5.4 Análise do coeficiente de caminho

3.5.5 Análise da divergência genética

3.5.1Análise de variância

Os dados de vários caracteres foram analisados conforme descrito por Panse e Sukhatme (1978). Foi seguido para testar as diferenças entre os genótipos para todos os caracteres.

O modelo estatístico utilizado para esta análise é o seguinte

$$Y_{ij} = \mu + R_i + G_j + E_{ij}$$

Onde,

Y_{ij} =   Uma observação de j^{th} genótipo em i^{th} replicação,

μ =   Média geral,

R_i = Um efeito de i[th] replicação,

G_j = Um efeito do genótipo j[th] ,

E_{ij} = Variação não controlada associada ao genótipo j[th] ini[th] replicação,

i = Número de réplicas (1, 2... i) e

j = Número do genótipo (1, 2... j).

O formato da análise de variância é o seguinte

Quadro 3.2: Análise de variância para o projeto experimental

Fonte de variação	Grau de liberdade	Soma dos quadrados	Quadrado médio	Quadrado médio esperado (EMS)
Replicações	(r-1)	SSR	EM_r	$\sigma_e^2 + g\,\sigma_r^2$
Genótipos	(g-1)	SSG	EM_g	$\sigma_e^2 + r\,\sigma_g^2$
Erro	(r-1) (g-1)	SSE	EM_e	σ_e^2
Total	**(rg-1)**	**SST**		

Onde,

r = Número de réplicas
g = Número de genótipos
EM_r = Soma média dos quadrados devido às repetições
EM_g = Soma média dos quadrados devida aos genótipos
EM_e = Soma média dos quadrados devido ao erro

A significância da soma média dos quadrados devido às repetições (MS_r) e aos genótipos (MS_g) foi testada em relação à soma média dos quadrados do erro (MS)$._e$

O erro padrão da média (E.P.M.) foi calculado utilizando a seguinte fórmula:

$$S.Em. = \sqrt{MS_e / r}$$

A diferença crítica (D.C.) para comparar a média de quaisquer dois genótipos foi calculada utilizando a seguinte fórmula

$$C.D. = S.Em. \times \sqrt{2} \times \text{"t"}\ 0,05\ \text{ou}\ 0,01\ \text{erro d.f.}$$

Onde,

"t" = Valor de tabela de "t" a um nível de significância de 5 % com um grau de liberdade de erro.

O coeficiente de variação (C.V.) foi calculado utilizando a seguinte fórmula:

$$\text{C.V. } \% = \frac{\sqrt{MS_e}}{\overline{X}} \times 100$$

Onde,

$\overline{X}$ = Média geral de um carácter.

3.5.2 Estimação das componentes de variância

A variação total foi dividida em fenotípica (σ_p^2) genotípica (σ_g^2)e variância ambiental (σ_e^2) com base na expetativa do quadrado médio para a respectiva fonte de variação descrita na ANOVA (Tabela 3.2).

3.5.2.1 Estimativa das variações fenotípicas, genotípicas e ambientais

As variâncias fenotípicas, genotípicas e ambientais foram calculadas de acordo com os métodos sugeridos por Johnson *et al.* (1955).

[a] Variância fenotípica (σ_p^2)

É a soma das variâncias contribuídas por causas genéticas e factores ambientais. Foi calculado da seguinte forma:

$$\sigma_p^2 = \sigma_g^2 + \sigma_e^2$$

Onde,

σ_p^2 = Variância fenotípica

σ_g^2 = Variância genotípica

σ_e^2 = Variação do ambiente.

[b] Variância genotípica (σ_g^2)

É a variância contribuída por causas genéticas ou a ocorrência de diferenças entre indivíduos devido a diferenças na sua composição genética.

O cálculo foi efectuado da seguinte forma:

$$\sigma_g^2 = \frac{MS_g - MS_e}{r}$$

44

Onde,

σ_g^2 = Variância genotípica

EM_g = Soma média genotípica dos quadrados do carácter

EM_e = Erro soma média do quadrado do carácter

r = Número de réplicas

[c] **Variância ambiental (σ_e^2)**

A soma quadrada média do erro é convertida como a variância ambiental

$$\sigma_e^2 = EM_e$$

Onde,

σ_e^2 = Variação ambiental

EM_e = Erro médio soma dos quadrados

3.5.2.3 Coeficiente de variação fenotípica e genotípica

A fórmula sugerida por Burton (1952) foi utilizada para calcular o coeficiente de variação fenotípico e genotípico.

[a] **Coeficiente de variação genotípica (GCV):**

$$GCV\ (\%) = \frac{\sqrt{\sigma_g^2}}{\overline{X}} \times 100$$

[b] **Coeficiente de variação fenotípica (PCV)**

$$PCV\ (\%) = \frac{\sqrt{\sigma_p^2}}{\overline{X}} \times 100$$

Onde,

σ_p^2, σ_g^2 = Variância fenotípica e genotípica, respetivamente

$\overline{X}$ = Valor médio do carácter

O coeficiente de variação fenotípica (PCV) e o coeficiente de variação genotípica (GCV) foram classificados como sugerido por Sivasubramanian e Madhavamenon (1973) da seguinte forma:

$< 10\ \%$ = Baixo

$10 - 20\ \%$ = Moderado

$> 20\ \%$ = Elevado

3.5.2.4 Hereditariedade (h $)^2_{b.s}$

É a proporção da variabilidade fenotípica que é devida a razões genéticas. Foi calculada em percentagem utilizando a fórmula dada por Allard (1960).

$$h^2_{(b)}(\%) = \frac{\sigma^2_g}{\sigma^2_p} \times 100$$

Onde,

$h^2_{(b)}$ = Hereditariedade (sentido lato)
σ^2_g = Variância genotípica
σ^2_p = Variância fenotípica

A percentagem de hereditariedade foi categorizada conforme demonstrado por Robinson *et al.* (1949).

$< 30\,\%$ = Baixo

$30 - 60\,\%$ = Moderado

$> 60\,\%$ = Elevado

3.5.2.5 Avanço genético em percentagem da média

O avanço genético (AG) esperado foi calculado para cada carácter adoptando o procedimento sugerido por Allard (1960).

$$GA = K \times \frac{\sigma^2_g}{\sigma^2_p} \times \sigma_p$$

O avanço genético expresso em percentagem da média foi estimado do seguinte modo

$$GA\ (\%\ of\ mean) = \frac{GA}{\overline{X}} \times 100$$

Onde,

AG = Avanço genético esperado
$\overline{X}$ = Valor médio do carácter

O avanço genético em percentagem foi categorizado como demonstrado por Johnson *et al.* (1955).

$< 10\,\%$ = Baixo

$10 - 20\,\%$ = Moderado

$> 20\,\%$ = Elevado

### 3.5.	3Coeficiente de correlação

A forma de análise utilizada para estimar as componentes de covariância entre diferentes pares de observações seria a mesma que a utilizada para a análise de variância, com exceção da substituição da soma dos quadrados e dos quadrados médios por soma dos produtos e produtos médios. As estimativas de covariância foram efectuadas de acordo com Singh e Chaudhary (1985). As correlações fenotípicas e genotípicas foram calculadas de acordo com o procedimento sugerido por Hazel (1943).

σ_{pipj} $\qquad$ = Covariância fenotípica entre i^{th} e j^{th} carácter

σ_{gigj} $\qquad$ = Covariância genotípica entre i^{th} e j^{th} carácter

σ_{eiej} $\qquad$ = Covariância ambiental entre i^{th} e j^{th} carácter

$$(\sigma = \sigma_{pipjgigj} + \sigma)_{eiej}$$

As estimativas de covariância e variância foram utilizadas no cálculo dos coeficientes de correlação genotípica e fenotípica por Al-jibouriet al. (1958).

3.5.3.1 Coeficiente de correlação fenotípica (r)$_{pipj}$

As causas genéticas e ambientais da correlação dão origem, em conjunto, ao coeficiente de correlação fenotípica (r_{pipj}) e foram estimadas com a ajuda da seguinte fórmula.

$$r_{pipj} = \frac{\sigma_{pipj}}{\sqrt{\sigma_{pi}^2 \times \sigma_{pj}^2}}$$

Onde,

r_{pipj} $\qquad$ = Coeficiente de correlação fenotípica entre i^{th} e j^{th} carácter

σ^2_{pi} e σ^2_{pj} $\qquad$ = Variâncias fenotípicas de i^{th} e j^{th} carácter, respetivamente

σ_{pipj} $\qquad$ = Covariância fenotípica entre i^{th} e j^{th} carácter

Os coeficientes de correlação genotípica e fenotípica foram calculados para todos os pares possíveis e foram testados em relação aos valores tabelados normalizados a níveis de significância de 5 e 1 por cento. O grau de liberdade para a correlação genotípica foi (g-2) e o da correlação fenotípica foi (rg-2), de acordo com o procedimento sugerido por Fisher e Yates (1963).

3.5.3.2 Coeficiente de correlação genotípica (r)$_{gigj}$

A correlação genotípica (r_{gigj}) é causada principalmente pela pleiotropia e pela ação de ligação dos genes e foi estimada como sugerido por Hazel *et al.* (1943) utilizando o software WINDOSTAT 9.1.

$$r_{gigj} = \frac{\sigma_{gigj}}{\sqrt{\sigma_{gi}^2 \times \sigma_{gj}^2}}$$

Onde,

r_{gigj} = Coeficiente de correlação genotípica entre i[th] e j[th] carácter

σ^2_{gi} = Variâncias genotípicas de i[th] carácter

σ^2_{gj} = Variâncias genotípicas de j[th] carácter

σ_{gigj} = Covariância genotípica entre i[th] e j[th] carácter

3.5. 4Análise do coeficiente de percurso

A inter-relação de causa e efeito entre duas variáveis não pode ser estimada a partir de uma simples análise do coeficiente de correlação. Por conseguinte, os dados foram submetidos a uma análise de regressão normalizada, conhecida como análise de percurso, para determinar se a associação de diferentes características com a produção se deve aos seus efeitos directos ou se é uma consequência do seu efeito indireto *através de* outras características. A análise do coeficiente de caminho foi efectuada de acordo com o método sugerido por Wright (1921).

Os coeficientes de caminho foram obtidos através da resolução de equações simultâneas, que representam a relação básica entre a correlação e o coeficiente de caminho.

$$r_{ny} = P_{ny} + r\,P_{n22y} + r\,P_{n33y} + \ldots\ldots + r\,P_{nxxy}$$

Onde,

r_{ny} = Coeficiente de correlação entre um fator casual e o carácter dependente, *ou seja,* o rendimento

P_{ny} = Coeficiente de caminho entre o carácter e o rendimento

r_{n2}, r_{n3} ....r_{nx} = Representa o coeficiente de correlação entre esse carácter e cada um dos outros componentes do rendimento

$$
\begin{pmatrix} r_{1y} \\ r_{2y} \\ r_{3y} \\ \cdot \\ \cdot \\ \cdot \\ r_{ny} \end{pmatrix}
=
\begin{pmatrix} 1 & r_{12} & r_{13}\ldots\ldots\ldots r_{1n} \\ r_{21} & 1 & r_{23}\ldots\ldots\ldots r_{2n} \\ r_{31} & r_{32} & 1\ldots\ldots\ldots r_{3n} \\ \cdot & \cdot & \cdot \quad \cdot \\ \cdot & \cdot & \cdot \quad \cdot \\ \cdot & \cdot & \cdot \quad \cdot \\ r_{n1} & r_{n2} & r_{n3}\ldots\ldots\ldots 1 \end{pmatrix}
\begin{pmatrix} a \\ b \\ c \\ \cdot \\ \cdot \\ \cdot \\ n \end{pmatrix}
$$

$$[A] \qquad\qquad [B] \qquad\qquad [C]$$

[C]   =   Matriz do coeficiente de trajetória.

O valor da matriz [C] pode ser obtido por

$$[A] = [B]\,[C]$$

Assim,

$$[C] = [A]\,[B]^{-1}$$

O valor do caminho significa que os efeitos directos foram calculados da seguinte forma,

$$P_{iy} = \sum c\, r_{i1\,iy}$$

Os efeitos indirectos de um determinado carácter através de outros caracteres foram obtidos pela multiplicação do caminho direto e do coeficiente de correlação particular entre esses dois caracteres, respetivamente.

$$\text{Efeito indireto} = r\, xp_{ijij}$$

Onde,

$$i\ e\ j = 1\ a\ n$$

O efeito residual é uma variável composta que inclui todos os outros factores não contabilizados que afectam a produção de sementes neste estudo e que se assume ser independente das restantes variáveis. Foi calculado da seguinte forma:

$$\text{Efeito residual (X)} = (1 - R^2)^{0.5}$$

Onde,

$$R^2 = p\ r_{1y1y} + p\ r_{2y2y} + \ldots\ldots\ldots + P\ r_{nyny}$$

3.5.5 Divergência genética

Rao (1952) descreveu a análise multivariada da divergência genética utilizando a estatística D^2 de Mahalanobis. A transformação das médias originais de vários caracteres (X_1 a X_{12}) em variantes não correlacionadas (Y_1 a Y_{12}) foi efectuada pelo método de condensação Pivotal como matriz de dispersão comum, utilizando o computador. Isto fez com que os valores de D^2 fossem a simples soma dos quadrados das diferenças nos valores transformados para vários caracteres.

Sendo X_1, X_2, X_3 ,....., X_p as medidas múltiplas disponíveis para cada indivíduo e d_1, d_2 ,..., d_p como $\overline{X1}^1 - \overline{X1}^2, \overline{X2}^1 - \overline{X2}^2, \ldots\ldots\ldots\overline{Xp}^1 - \overline{Xp}^2$, respetivamente as diferenças entre as médias de duas populações, a estatística D^2 de Mahalanobis pode ser definida do seguinte modo

$$pD^2 = b\ d_{11} + b\ d_{22} + \ldots\ldots + b\ d_{pp}$$

Neste caso, os valores de 'b_i' devem ser estimados de modo a maximizar o rácio da variância entre as populações. Em termos de variâncias e covariâncias, o valor D^2 é obtido da seguinte forma:

$$pD^2 = W\ (\ ^{-ij}\ \overline{X}_i^1\ \overline{X}_i^2\ )(\ -\ )\overline{X}_j^1\ \overline{X}_j^2$$

Onde,

W^{ij} é a inversa da matriz de variância-covariância estimada

Para a formação de grupos, foram seguidos no presente estudo os critérios gerais de agrupamento sugeridos por Tocher (Rao, 1952). Os critérios de agrupamento foram os seguintes: quaisquer duas populações no mesmo agrupamento devem apresentar um valor D^2 mais pequeno do que as que pertencem a agrupamentos diferentes. O primeiro passo para agrupar os genótipos em grupos distintos foi organizá-los por ordem da sua distância relativa entre si. Depois de ordenar os valores de D^2 desta forma, foram consideradas em primeiro lugar as duas populações com a menor distância entre si, às quais foi adicionada uma terceira população com um valor médio de D^2 mais baixo, mas superior aos dois anteriores. Do mesmo modo, foi adicionada a população seguinte e o processo continuou até o valor médio de D^2 aumentar consideravelmente com a adição seguinte. Em geral, este nível deve ser aproximadamente próximo do valor máximo de D^2 apresentado por uma população em relação à população mais próxima. Numa determinada fase, quando se verificou que, após a adição de uma determinada população, se registava um aumento abrupto da média D^2, essa população não foi adicionada a esse grupo. Do mesmo modo, formou-se um segundo grupo e este processo continuou até todas as populações terem sido incluídas num ou noutro grupo. Após a formação dos clusters, foram calculados os valores médios das distâncias inter- e intra-cluster.

As distâncias médias intra-cluster e inter-cluster foram medidas da seguinte forma:

1. Distância média intra-cluster

$$D^2 = \frac{\sum D_i^2}{n}$$

Onde,

$\sum D_i^2$ = Soma das distâncias entre todas as combinações possíveis de

populações incluídas no agrupamento

n = Número de populações no agrupamento

2. Distância média inter-cluster

$$D^2 = \frac{\sum D_{ij}^2}{n_i \times n_j}$$

Onde,

ΣD_{ij}^{2} = Soma das distâncias entre todas as combinações possíveis de dois agregados

n_i = Número de populações em i^{th} cluster

n_j = Número de populações em j^{th} cluster

A distância inter-cluster foi calculada medindo a distância entre os clusters I e II, entre I e III, entre I e IV e assim por diante. De igual modo, foi selecionado um por um dos clusters e calculadas as suas distâncias entre si.

As médias dos clusters para todos os 12 caracteres foram calculadas utilizando as médias dos caracteres para os genótipos incluídos nos clusters.

IV. RESULTADOS E DISCUSSÃO

Os resultados obtidos com a presente investigação sobre **"ESTUDOS GENÉTICOS DO RENDIMENTO DAS SEMENTES E SEUS ATRIBUTOS NO AJWAIN (*Trachyspermum ammi* L.)"** são apresentados e discutidos nos seguintes pontos.

4.1   Análise de variância

4.2   Desempenho médio

4.3.1   Componentes de desvio

4.3.2   Coeficientes de variação genotípica e fenotípica

4.3.3   Estimativa da hereditariedade e do avanço genético expresso em percentagem da média

4.4   Coeficientes de correlação

4.5   Análise do coeficiente de caminho

4.6   Divergência genética

4.1   Análise de variância

A análise de variância que descreve a soma média dos quadrados para doze características quantitativas e qualitativas é apresentada no Quadro 4.1.

Tabela 4.1: Análise de variância (ANOVA) para diferentes caracteres de genótipos de ajwain

Sr. Nã o.	carácter	Soma média dos quadrados		
		Replicações	Tratamentos	Erro
	Grau de liberdade	**2**	**39**	**129**
1	Dias até à floração	84.18	112.06**	27.52
2	Dias até ao vencimento	37.16	143.96**	22.79
3	Altura da planta (cm)	10.20	103.69**	6.99
4	Número de ramos por planta	0.41	10.26**	0.27
5	Número de umbelas por planta	9.75	574.30**	13.19
6	Número de umbelas por umbela	1.18	14.96**	0.90
7	Número de sementes por umbela	695.08	8096.93**	330.38
8	Rendimento de sementes por planta (g)	0.18	1.42**	0.06

9	Rendimento biológico por planta (g)	0.86	13.67**	1.24
10	Índice de colheita (%)	1.30	13.74**	2.21
11	Peso de ensaio (g)	0.00	0.25**	0.00
12	Óleo volátil (%)	0.12	1.08**	0.04

*, ** Significativo ao nível de significância de 0,05 e 0,01, respetivamente.

A análise de variância revelou diferenças altamente significativas (p<0,01%) entre os genótipos testados para todas as características *viz.,* dias para a floração, dias para a maturação, altura da planta (cm), número de ramos por planta, número de umbelas por planta, número de umbelas por umbela, número de sementes por umbela, rendimento de sementes por planta (g), rendimento biológico por planta (g), índice de colheita (%), peso de teste (g) e óleo volátil (%) (Quadro 4.1).

4.2 DESEMPENHO MÉDIO

4.2.1 Dias até à floração

Os dias para a floração em todos os genótipos de ajwain variaram entre 65,33 e 94,00 dias, com uma média geral de 80,60 dias (Quadro 4.2). Entre todos os genótipos, o número máximo de dias para 50% de floração foi observado para LS 14-3 (94 dias) e NDAJ 7 (92 dias) enquanto que o número mínimo de dias para 50% de floração foi registado para AA-01 (65,33 dias) seguido por NDAJ-11 (67 dias), GA 1 (72 dias) e NDAJ-10 (73,67 dias).

4.2.2 Dias até ao vencimento

Conforme indicado na Tabela 4.2, a média de dias até a maturação variou entre 129 e 164,33, com média geral de 143,62. Os genótipos AA-01 (129 dias) e NDAJ-11 (129 dias) foram os mais precoces, seguidos pelos genótipos GA 1 (135 dias) e NDAJ-10 (137,33 dias), enquanto os genótipos NDAJ 7 (164,33 dias) levaram o máximo de dias para a maturação (Tabela 4.2).

4.2.3 Altura da planta (cm)

O valor médio da altura da planta variou entre 66,93 cm e 91,07 cm, com média geral de 80,60 cm (Tabela 4.2). A maior altura de planta foi alcançada pelo genótipo JA 111 (91,07 cm), seguido por JA 2013-4 (90,53 cm), LS 14-3 (90,47 cm) e LS 14-

08 (88,07 cm), enquanto o genótipo NDAJ-10 (66,93 cm) pode ser considerado um genótipo anão.

4.2.4 Número de ramos por planta

O genótipo JA 17-02 (13,20) produziu o máximo de ramos por planta, seguido pelos genótipos HAJ-07 (13,07), JA-190 (12,73) e JA 07-06 (12,47). O número de ramos por planta apresentou valores médios de 9,64 e variou de 6,67 a 13,20, enquanto os genótipos AA-73 (6,67) produziram o número mínimo de ramos por planta.

4.2.5 Número de umbelas por planta

O número médio de umbelas por planta variou entre 63,20 e 117,07, com média geral de 83,69 (Tabela 4.2). Os genótipos HAJ-07 (117,07) e AA-02 (108,80) registaram o número máximo de umbelas por planta. Por outro lado, os genótipos NDAJ-10 (63,20) e AA-01 (64,07) registaram o menor número de umbelas por planta (Quadro 4.2).

Quadro 4.2: Desempenho médio dos genótipos em termos de rendimento e de caracteres que contribuem para o rendimento em ajwain

Genótipo	DF	DM	PH	NBP	UPP	UPU	SPU	SPP	BY	HI	TW	VO
LS 14-3	94.00	164.00	90.47	12.07	92.53	13.40	289.11	5.010	18.04	27.78	1.683	5.61
HAJ-07	78.00	139.00	86.87	13.07	117.07	17.40	378.67	6.653	21.87	30.49	2.157	4.87
LS 14-08	80.00	140.33	88.07	11.47	86.87	13.47	302.73	4.727	18.71	25.27	1.940	5.36
JA-01	76.67	140.67	80.20	10.07	70.40	12.07	254.40	4.327	15.91	27.17	1.623	4.21
JA -187	76.67	139.67	75.40	6.93	68.93	12.40	211.31	4.780	17.79	26.86	1.597	4.79
JA-190	74.67	138.00	73.27	12.73	83.40	10.80	205.16	4.497	17.76	25.32	1.533	4.29
NDAJ-10	73.67	137.33	66.93	9.80	63.20	8.13	189.93	3.567	14.82	24.08	1.233	4.48
NDAJ-11	67.00	129.00	72.80	10.20	66.87	9.20	204.12	3.973	15.61	25.47	1.257	4.70
AA-73	83.33	145.33	76.87	6.67	69.20	10.60	242.60	4.400	15.75	27.93	1.697	5.23
AA-06	89.00	148.00	84.60	10.33	99.40	16.13	343.07	5.780	21.08	27.40	1.830	4.25
AA-01	65.33	129.00	77.47	9.07	64.07	9.00	198.07	3.660	14.95	24.49	1.100	4.02
AA-02	78.67	139.67	79.27	8.13	108.80	17.13	376.73	6.480	21.38	30.43	2.123	5.96
HAJ-18	78.67	141.00	72.87	7.07	100.87	16.20	352.73	5.803	16.39	35.42	1.403	5.22
JA 16-06	83.67	141.67	84.47	9.93	108.20	17.00	369.33	5.977	20.69	28.89	1.573	4.40
JA 16-01	82.33	144.33	84.73	9.13	68.00	14.73	266.33	4.640	17.18	26.98	1.613	4.97
JA 111	83.67	144.67	91.07	7.80	67.73	11.07	266.93	5.193	17.94	28.95	1.280	4.81
JA 218	77.33	141.67	76.07	8.80	81.13	11.73	283.60	4.670	17.68	26.41	1.830	5.31
JA 219	88.33	149.67	85.40	7.93	97.40	15.20	328.27	5.630	21.60	26.06	1.650	4.55
JA 17-01	77.00	138.67	73.87	9.00	68.53	12.87	272.00	4.503	16.74	26.90	1.913	4.77
JA 17-02	81.00	144.67	81.31	13.20	102.27	16.80	361.07	5.947	23.33	26.13	1.557	5.38

Genótipo	DF	DM	PH	NOB	UPP	UPU	SPU	SPP	BY	HI	TW	VO
JA 17-06	82.33	146.00	87.67	8.73	68.27	14.60	276.27	5.233	18.94	27.70	1.140	4.46
JA 18-01	84.00	146.33	76.00	11.13	74.47	14.53	231.73	4.230	15.29	27.65	1.063	3.89
JA 18-02	86.00	147.00	71.40	8.67	86.07	12.87	225.47	4.987	19.39	25.80	1.413	4.11
JA 18 -03	84.67	145.33	78.27	7.80	73.87	13.20	269.93	4.467	16.71	26.74	1.290	3.86
JA 18-04	86.33	155.00	83.60	9.87	80.33	13.73	263.47	4.883	19.18	25.44	1.430	4.25
JA 18-05	79.33	142.67	81.57	11.00	86.87	13.40	278.17	4.677	19.00	24.60	0.967	4.46
JA 18-06	78.33	141.33	78.20	7.73	70.80	13.40	313.29	4.540	17.24	26.32	1.503	4.39
JA 18-07	78.33	140.67	82.27	10.27	84.80	13.07	313.12	5.267	19.44	27.08	1.147	5.95
JA 18-08	77.00	141.67	85.71	10.93	88.60	14.60	303.20	5.267	21.12	24.98	1.610	5.24

Genótipo	DF	DM	PH	NOB	UPP	UPU	SPU	SPP	BY	HI	TW	VO
MLT 60	80.00	144.33	75.53	9.93	74.53	12.53	308.80	4.837	17.59	27.49	1.797	4.57
NS 1	80.67	142.67	85.40	10.53	82.73	14.60	304.25	5.127	20.39	25.20	1.323	4.62
NDAJ 1	85.33	146.67	77.00	8.80	85.73	13.73	250.60	5.180	19.53	26.53	1.410	4.77
NDAJ 6	86.67	147.00	78.27	9.40	90.73	12.87	270.28	4.783	21.07	22.80	1.053	3.68
NDAJ 7	92.00	164.33	73.87	6.93	69.87	11.40	225.91	4.363	16.78	25.98	1.547	4.71
NDAJ 14	88.67	149.00	79.13	11.67	87.87	12.93	243.87	4.533	16.92	26.78	1.313	4.33
JA 07-01	86.00	147.67	81.27	10.33	93.87	14.93	327.80	5.510	18.35	30.02	1.687	5.37
JA 07-06	75.00	139.67	85.40	12.47	97.80	15.20	330.25	5.680	20.31	28.22	1.837	6.08
JA 2013-4	75.67	139.67	90.53	12.07	98.53	15.40	330.93	5.693	21.04	27.05	1.417	4.99
AG 1	72.00	135.00	87.20	7.13	80.40	10.67	248.88	5.103	19.45	26.25	1.350	5.21
AG 2	76.67	146.33	83.53	6.93	86.73	12.73	228.53	4.937	17.65	27.96	1.380	5.59
Média	80.60	143.62	80.60	9.64	83.69	13.39	281.02	4.988	18.52	26.98	1.507	4.79
Gama	65.33-94	129-164.33	66.93-91.07	6.67-13.20	63.20-117.07	8.13-17.40	189.93-378.67	3.567-6.653	14.82-23.33	22.80-35.42	0.967-2.157	4.87-6.08
S.E.	3.03	2.76	1.53	0.30	2.10	0.55	10.49	0.14	0.64	0.86	0.02	0.12
C.D. a 5%	8.53	7.76	4.30	0.85	5.90	1.54	29.55	0.39	1.81	2.41	0.05	0.33
C.V.	6.51	3.32	3.28	5.42	4.34	7.09	6.47	4.81	6.01	5.50	1.91	4.20

DF = dias para a floração, **DM** = dias para a maturação , **PH** = altura da planta (cm), **NBP** = número de ramos por planta (n), **UPP** = número de umbelas por planta ,
UPU = número de umbelas por umbela, **SPU** = número de sementes por umbela, **SPP** = rendimento de sementes por planta (g), **BY** = rendimento biológico por planta (g),
HI = índice de colheita (%), **TW** = peso de ensaio (g), **VO** = óleo volátil (%).

4.2.6 Número de umbelas por umbela

O número médio de umbelas por peso de umbela variou entre 8,13 e 17,40, com valores médios gerais de 13,39 (Tabela 4.2). Entre todos os genótipos estudados, o número máximo de umbelas por peso de umbela foi observado no genótipo HAJ-07 (17,40), seguido pelos genótipos AA-02 (17,13) e JA 16-06 (17,00). (Tabela 4.2). Os genótipos NDAJ-10 (8,13), AA-01 (9,00) e NDAJ-11 (9,20) apresentaram o menor valor para o número de umbelas por umbela, por ordem.

4.2.7 Número de sementes por umbela

O valor médio do número de sementes por umbela variou entre 189,93 e 378,67, com média geral de 281,02 (Tabela 4.2). Os genótipos HAJ-07 (378,67), AA-02 (376,73), JA 16-06 (369,33) e JA 17-02 (361,07) registaram valores superiores à média para o número de sementes por umbela. O genótipo NDAJ-10 (189,93) registou o menor número de sementes por umbela entre todos os genótipos testados (Quadro 4.2).

4.2.8 Rendimento de sementes por planta (g)

O desempenho médio para a produção de sementes por planta foi de 4,988 g e variou entre 3,56 g e 6,653 g (Tabela 4.2). O genótipo HAJ-07 (6,653 g) registou a produção máxima de sementes por planta, seguido do AA-02 (6,482 g), JA 16-06 (5,977 g) e JA 17-02 (5,947 g). O genótipo NDAJ-10 (3,567 g) registou a menor produção de sementes por planta (quadro 4.2).

4.2.9 Rendimento biológico por planta (g)

Como se pode ver no quadro 4.2, o rendimento biológico por planta variou entre 14,82 e 23,33 g, com uma média geral de 18,52 g. O rendimento biológico máximo por planta foi registado no genótipo JA 17-02 (23,33 g), seguido de HAJ-07 (21,87 g) e AA-02 (21,38 g). Os genótipos NDAJ-10 (14,82 g) e AA-01 (14,95 g) tiveram o menor rendimento biológico por planta (Quadro 4.2).

4.2.10 Índice de colheita (%)

Os valores médios do índice de colheita variaram de 22,80 a 35,42%, com uma média geral de 26,98%. (Tabela 4.2). O genótipo HAJ-18 (35,42 %) apresentou o maior valor de índice de colheita, seguido pelos genótipos HAJ-07 (30,49 %) e AA-02 (30,43 %). Por outro lado, os genótipos NDAJ 6 (22,80 %) e NDAJ-10 (24,08%) apresentaram valores mais baixos de índice de colheita. (Tabela 4.2).

4.2.11　Peso de ensaio (g)

O peso de teste em todos os genótipos de ajwain testados variou entre 0,97 e 2,157 g com média geral de 1,507 g. (Tabela 4.2). O genótipo HAJ-07 (2,157 g) apresentou o maior peso de teste, seguido pelos genótipos AA-02 (2,123 g) e JA 17-01 (1,913 g). Os genótipos JA 18-05 (0,967 g) e NDAJ 6 (1,053 g) apresentaram o menor peso de teste. (Tabela 4.2).

4.2.12　Óleo volátil (%)

O valor do óleo volátil, uma caraterística económica importante, variou entre 3,68 e 6,08 %, com uma média geral de 4,79 % de óleo volátil. O genótipo JA 07-06 (6,08 %) apresentou o maior valor de óleo volátil, seguido pelos genótipos AA-02 (5,96 %), JA 18-07 (5,95 %) e LS 14-3 (5,61 %), enquanto o genótipo NDAJ 6 (3,68 %) apresentou o menor valor de óleo volátil (Quadro 4.2).

Os genótipos HAJ-07, AA-02, JA 16-06, JA 17-02 e HAJ-18 foram superiores às cultivares locais no que respeita ao número de umbelas por planta, número de umbelas por umbela, número de sementes por umbela e produção de sementes por planta. Por conseguinte, são identificados como os melhores genótipos para a sua exploração na criação de ajwain.

4.3.1　COMPONENTES DE VARIÂNCIA

A estimativa dos componentes fenotípicos e genotípicos da variância foi obtida para diferentes caracteres (Quadro 4.3) e representada esquematicamente na (Fig. 4.1).

Foi observada uma ampla gama de variação para todos os caracteres. A maior variabilidade genotípica foi registada para o número de sementes por umbela (2588,85), enquanto que o número de umbelas por planta (187,04), dias até à maturação (40,39), altura da planta (32,23), dias até à floração (28.18), número de umbelas por umbela (4,68), rendimento biológico por planta (4,14), índice de colheita (3,85), número de ramos por planta (3,33), rendimento de sementes por planta (0,45), óleo volátil (0,34) e peso de teste (0,08) apresentaram baixa variância.

A maior variabilidade fenotípica foi registada para o número de sementes por umbela (2919,23), enquanto que o número de umbelas por planta (200,23), dias para a maturação (63,18), dias para a floração (55,70), altura da planta (39.23), índice de colheita (6,05), número de umbelas por umbela (5,59), rendimento biológico (5,38), número de ramos por planta (3,60), rendimento de sementes por planta (0,51), óleo volátil (0,39) e peso de teste (0,08) apresentaram baixa variância.

4.3.2   COEFICIENTE DE VARIAÇÃO GENOTÍPICA E FENOTÍPICA

Os coeficientes de variação genotípica e fenotípica para todos os caracteres são apresentados no quadro 4.3. O melhor índice para medir a variação genética é o coeficiente de variação genética (GCV), tal como descrito por Burton e De Vane (1953) para comparar a variabilidade genética presente em diferentes características. As estimativas do coeficiente de variabilidade genotípica e fenotípica indicaram que os valores do coeficiente de variação fenotípica foram ligeiramente superiores aos do coeficiente de variação genotípica para a maioria dos caracteres estudados, indicando um menor efeito do ambiente na expressão dos caracteres estudados.

4.3.2.1   Dias até à floração

As estimativas de GCV (6,59%) e PCV (9,26%) para esta caraterística foram baixas, indicando a presença de baixa variabilidade na população para dias até a floração. As estimativas próximas de GCV e PCV sugerem que a variabilidade se deveu principalmente a diferenças genotípicas.

4.3.2.2   Dias até ao vencimento

As estimativas de GCV (4,43%) e PCV (5,54%) foram baixas, indicando baixa variabilidade presente na população para dias até a maturidade.

4.3.2.3   Altura da planta (cm)

As estimativas de GCV (7,04%) e PCV (7,77%) foram de baixa magnitude, o que indica a presença de pouca variabilidade nos genótipos para a caraterística de altura da planta.

4.3.2.4   Número de ramos por planta

Os valores de GCV (18,92%) e PCV (19,68%) foram de magnitude moderada, o que indica a existência de variabilidade moderada nos genótipos para o carácter.

4.3.2.5 Número de umbelas por planta

As estimativas de GCV (16,34%) e PCV (16,91%) foram moderadas, indicando a presença de variabilidade moderada para o número de umbelas por planta na população.

4.3.2.6 Número de umbelletes por umbela

As estimativas de GCV (16,16%) e PCV (17,65%) para número de umbelas por umbela foram de magnitude moderada, o que indica a existência de variabilidade moderada nos genótipos para o carácter.

4.3.2.7 Número de sementes por umbela

Os valores de GCV (18,11%) e PCV (19,23%) foram de magnitude moderada, o que indica a existência de variabilidade moderada nos genótipos para o carácter.

4.3.2.8 Rendimento de sementes por planta (g)

Os valores de GCV (13,49%) e PCV (14,32%) foram moderados para a produção de sementes por planta, o que indicou a existência de variabilidade moderada entre os genótipos estudados. Além disso, a diferença estreita entre o GCV e o PCV sugeriu que a variabilidade se deveu principalmente a diferenças genotípicas.

Tabela 4.3: Parâmetros genéticos de variação para rendimento de sementes e seus caracteres contribuintes em ajwain

N.º Sr.	Person agens	Ga ma	M édi a	σ^2_g	σ^2_p	σ^2_e
1	Dias até à floração	65.33-94	80.60	28.18	55.70	27.52
2	Dias até ao vencimento	129.00-164.33	143.62	40.39	63.18	22.79
3	Altura da planta	66.93-91.07	80.60	32.23	39.23	6.99
4	Número de ramos por planta	6.67-13.20	9.64	3.33	3.60	0.27
5	Número de umbelas por planta	63.20-117.07	83.69	187.04	200.23	13.19

6	Número de umbelas por umbela	8.13-17.40	13.39	4.68	5.59	0.90
7	Número de sementes por umbela	189.93-378.67	281.02	2588.85	2919.23	330.38
8	Rendimento de sementes por planta	3.57-6.65	4.99	0.45	0.51	0.06
9	Rendimento biológico por planta	14.82-23.33	18.52	4.14	5.38	1.24
10	Índice de colheita	22.80-35.42	26.98	3.85	6.05	2.20
11	Peso de ensaio	0.97-2.16	1.51	0.08	0.08	0.00
12	Óleo volátil	4.87-6.08	4.79	0.34	0.39	0.04

Onde,

σ, σ^2_g, σ^2_p e σ^2_e são as variâncias genotípica, fenotípica e ambiental, respetivamente.

Quadro 4.3 Conti...

N.º Sr.	Personagens	GCV (%)	PCV (%)	ECV (%)	h^2 (b.s) (%)	AG (%)	GA em percentagem média

							(%)
1	Dias até à floração	6.59	9.26	6.51	50.60	7.78	9.65
2	Dias até ao vencimento	4.43	5.54	3.32	63.93	10.47	7.29
3	Altura da planta	7.04	7.77	3.28	82.18	10.60	13.16
4	Número de ramos por planta	18.92	19.68	5.42	92.41	3.61	37.47
5	Número de umbelas por planta	16.34	16.91	4.34	93.41	27.23	32.53
6	Número de umbelas por umbela	16.16	17.65	7.09	83.84	4.08	30.48
7	Número de sementes por umbela	18.11	19.23	6.47	88.68	98.71	35.12
8	Rendimento de sementes por planta	13.49	14.32	4.81	88.68	1.31	26.17
9	Rendimento biológico por planta	10.99	12.53	6.01	76.97	3.68	19.87
10	Índice de colheita	7.27	9.12	5.50	63.56	3.22	11.94
11	Peso de ensaio	19.11	19.21	1.97	98.95	0.59	39.15
12	Óleo volátil	12.25	12.95	4.20	89.48	1.14	23.87

Onde,

GCV (%) e PCV (%) são os coeficientes de variância genotípica e fenotípica, respetivamente.

$h^2_{(b.s)}$ (%), GA e GAM são a hereditariedade em sentido lato, o avanço genético e o avanço genético expressos em percentagem da média, respetivamente.

4.3.2.9 Rendimento biológico por planta (g)

Os valores de GCV (10,99%) e PCV (12,53%) foram moderados para o rendimento biológico por planta, o que indica a existência de variabilidade moderada entre os genótipos estudados.

4.3.2.10 Índice de colheita (%)

Os valores de GCV (7,27%) e PCV (9,12%) foram relativamente baixos para o conteúdo do índice de colheita, o que indica que existe pouca variabilidade entre os genótipos estudados.

4.3.2.11 Peso de ensaio (g)

As estimativas do GCV (19,11%) e do PCV (19,21%) foram de magnitude moderada, o que indica a existência de uma variabilidade moderada nos genótipos para este carácter de peso.

4.3.2.12 Óleo volátil (%)

Os valores de GCV (12,25%) e PCV (12,95%) moderados sugerem que o potencial de variabilidade disponível para esta caraterística era moderado.

O melhor índice para medir a variação genética é o coeficiente de variação genética (CGV), tal como descrito por Burton e De Vane (1953) para comparar a variabilidade genética presente em diferentes características. As estimativas do coeficiente de variabilidade genotípica e fenotípica indicaram que os valores do coeficiente de variação fenotípica foram ligeiramente superiores aos do coeficiente de variação genotípica para a maioria dos caracteres estudados, indicando um menor efeito do ambiente na expressão dos caracteres estudados.

Estimativas moderadas do coeficiente de variação genotípica e fenotípica foram observadas para o número de ramos por planta foi relatado por Singh *et al.* (2019), Thakur *et al.* (2018), Kumar *et al.* (2017), o número de umbelas por planta foi relatado por Nagar *et al.* (2018), Subramaniyam *et al.* (2018), Devi *et al.* (2019), o número de umbelas por umbela foi relatado por Subramaniyam *et al.* (2018), Singh *et al.* (2019), Nagar *et al.* (2018), o número de sementes por umbela foi relatado por Singh *et al.* (2019), o rendimento de sementes por planta foi relatado por Nagar *et al.* (2018), Ghanshyam *et al.* (2015), Singh *et al.* (2019), Patel *et al.* (2018), o rendimento biológico por planta foi relatado por Nagar *et al.* (2018), o peso do teste foi relatado por Singh *et al.* (2019), Subramaniyam *et al.* (2018), Devi *et al,* (2019) e o óleo volátil foi relatado por Nagar *et al.* (2018), Ghanshyam *et al.* (2015), indicando que um nível moderado de variabilidade genética está presente entre essas características.

As estimativas mais baixas de variação do coeficiente genotípico e fenotípico para dias até a floração foram observadas por Singh *et al.* (2019), Subramaniyam *et al.* (2018), Nagar *et al.* (2018), os resultados de dias até a maturidade estavam de acordo com as descobertas de Nagar *et al.* (2018), Singh *et al.* (2019), Patel *et al.* (2018), os resultados da altura da planta estavam de acordo com as descobertas de Singh *et al.* (2019), Nagar *et al.* (2018), Sandhu *et al.* (2018) e os resultados do índice de colheita estavam de acordo com as descobertas de Nagar *et al.* (2018), indicando que um baixo nível de variabilidade genética está presente entre essas características.

4.3.3 ESTIMATIVA DA HEREDITARIEDADE E DO AVANÇO GENÉTICO EM PERCENTAGEM DA MÉDIA

O coeficiente de variação genotípica mede a quantidade de variação presente num determinado carácter. No entanto, não determina a proporção de variação hereditária presente na variação total. Por conseguinte, foi calculada a hereditariedade, que representa a variação hereditária existente no carácter. Valores elevados de hereditariedade, em sentido lato, ajudam a identificar o carácter adequado para seleção e permitem aos criadores selecionar genótipos com base na expressão fenotípica de características quantitativas (Johnson *et al.,* 1955).

A estimativa da hereditariedade e do avanço genético expresso em percentagem da média para todos os traços é apresentada no (Quadro 4.3) e representada esquematicamente na (Fig. 4.2).

A estimativa da herdabilidade em sentido amplo variou de 50,60% (dias para a floração) a 98,95% (peso de teste). Os caracteres mostraram alta hereditariedade *viz* peso de teste 98,95 (%), número de umbelas por planta 93,41 (%), número de ramos por planta 92,41 (%), óleo volátil 89,48 (%), número de sementes por umbela 88.68 (%), rendimento de sementes por planta 88,68 (%), número de umbelas por umbela 83,84 (%), altura da planta 82,18 (%), rendimento biológico por planta 76,97 (%), dias para maturação 63,93 (%) , índice de colheita 63,56 (%) e dias para floração 50,60 (%).

4.3.3.1 Dias até à floração

A hereditariedade foi considerada moderada (50,60%) para este carácter. O avanço genético como porcentagem da média foi comparativamente baixo (9,65%), juntamente com a herdabilidade moderada (50,60%), indicando a predominância de ação gênica não aditiva e, portanto, a seleção baseada nessa caraterística pode não ser recompensada pela melhoria dessa caraterística. Um resultado semelhante foi observado por Singh *et al.* (2019), Nagar *et al.* (2018) e Kumar *et al.* (2017).

4.3.3.2 Dias até ao vencimento

A hereditariedade estimada foi alta (63,93%) para dias até a maturidade. O avanço genético como porcentagem da média foi baixo (7,29%), o que indicou a predominância de ação gênica aditiva ou não fixável e, portanto, a seleção poderia ser recompensada pela melhoria desse caráter. Singh *et al.* (2019) e Nagar *et al.* (2018), registaram resultados paralelos para esta caraterística.

4.3.3.3   Altura da planta (cm)

Foi encontrada uma hereditariedade elevada (82,18%) para a altura da planta e o valor do avanço genético em percentagem da média (13,16%) foi moderado, indicando os efeitos genéticos aditivos ou fixáveis que foram responsáveis pela expressão desta caraterística, pelo que a seleção para tais características pode ser compensadora. Para este traço Subramaniyam *et al.* (2018) foi detectado resultados semelhantes.

4.3.3.4   Número de ramos por planta

Foi observada uma alta estimativa de hereditariedade (92,41%) para o número de ramos por planta. O avanço genético como porcentagem da média também foi alto (37,47%).   A alta herdabilidade, juntamente com o alto avanço genético em porcentagem da média, indica a dominância da ação gênica aditiva ou fixável, e a seleção pode ser eficaz para a melhoria desse caráter. Achados semelhantes foram relatados por Singh *et al.* (2019), Shiwangi *et al.* (2020) e Maurya *et al.* (2016) para esta caraterística.

4.3.3.5   Número de umbelas por planta

A hereditariedade em sentido lato foi muito elevada (93,41%) para esta caraterística, ao passo que o avanço genético em percentagem da média também foi elevado (32,53%), indicando que os efeitos de genes aditivos ou fixáveis foram responsáveis pela expressão desta caraterística e também uma menor influência ambiental na expressão desta caraterística. Assim, um esquema de seleção simples seria suficientemente bom para esta caraterística, de modo a aumentar o melhoramento genético na direção desejada.   A alta herdabilidade, juntamente com o alto avanço genético em porcentagem da média, correspondeu ao trabalho de Singh *et al.* (2019), Nagar *et al.* (2018), Ghanshyam *et al.* (2015) e Subramaniyam *et al.* (2018).

4.3.3.6   Número de umbelletes por umbela

A hereditariedade em sentido lato foi muito elevada (83,84 %) para esta caraterística, enquanto o avanço genético em percentagem da média foi elevado (30,48 %). A elevada hereditariedade, juntamente com o elevado avanço genético em percentagem da média, indica a dominância da ação genética aditiva ou fixável, e a seleção pode ser eficaz para melhorar este caráter. Estas conclusões são apoiadas por Singh *et al.* (2019), Subramaniyam *et al.* (2018), Devi *et al.* (2019) e Maurya *et al.* (2016).

4.3.3.7 Número de sementes por umbela

Foi observada uma elevada hereditariedade (88,68 %) associada a um elevado avanço genético em percentagem da média (35,12 %) para o número de sementes por umbela, indicando o controlo por poucos genes principais na expressão desta caraterística, pelo que a seleção simples a partir desta caraterística pode ser útil para melhorar ainda mais esta caraterística. Para esta caraterística, a elevada hereditariedade associada a um elevado avanço genético em percentagem da média foi registada por Subramaniyam *et al.* (2018) e Devi *et al.* (2019).

4.3.3.8 Rendimento de sementes por planta (g)

Foi registada uma elevada hereditariedade (88,68%) associada a um elevado avanço genético em percentagem da média (26,17%) para esta caraterística, o que indica a predominância de efeitos de genes aditivos ou fixáveis na expressão da caraterística. A estimativa de uma elevada hereditariedade com um elevado avanço genético sugere uma ampla margem de melhoria através da seleção desta caraterística. Para esta caraterística, a elevada hereditariedade associada a um elevado avanço genético, em percentagem da média, foi registada por Nagar *et al.* (2018), Subramaniyam *et al.* (2018), Devi *et al.* (2019), Patel *et al.* (2018) e a elevada hereditariedade foi registada por Ghanshyam *et al.* (2015).

4.3.3.9 Rendimento biológico por planta (g)

As estimativas de hereditariedade foram elevadas (76,97%) para o rendimento biológico por planta. O valor do avanço genético como porcentagem da média foi moderado (19,87%), sugerindo a predominância de ação gênica aditiva ou fixável e, portanto, a seleção poderia ser recompensada pela melhoria desse caráter. Nagar *et al.* (2018) encontraram alta herdabilidade e avanço genético moderado como porcentagem da média nesta caraterística.

4.3.3.10 Índice de colheita (%)

Altas estimativas de herdabilidade (63,56%), juntamente com um valor moderado de avanço genético em porcentagem da média (11,94%), indicaram a predominância de ação gênica aditiva ou fixável e, portanto, a seleção poderia ser recompensada pela melhoria desse caráter. Para esta caraterística, Nagar *et al.* (2018) e Ghanshyam *et al.* (2015) detetaram resultados semelhantes para o índice de colheita.

4.3.3.11   Peso de ensaio (g)

Foi observada uma elevada hereditariedade (98,95 %) para esta caraterística qualitativa, juntamente com valores elevados de avanço genético em percentagem da média (39,15 %), o que indica a predominância de efeitos de genes aditivos ou fixáveis na expressão da caraterística.   A estimativa de elevada hereditariedade com elevado avanço genético sugere uma ampla margem de melhoria através da seleção do peso de teste. Achados semelhantes foram relatados por Singh *et al.* (2019), Subramaniyam *et al.* (2018) e Devi *et al.* (2019) para esta caraterística.

4.3.3.12   Óleo volátil (%)

Foram observadas estimativas elevadas de hereditariedade (89,48%) para o óleo volátil. O valor do avanço genético como porcentagem da média também foi alto (23,87%), o que indicou a predominância de efeitos de genes aditivos ou fixáveis na expressão da caraterística. A estimativa de elevada hereditariedade com elevado avanço genético em percentagem da média sugere uma ampla margem de melhoria através da seleção desta caraterística. Nagar *et al.* (2018), Ghanshyam *et al.* (2015), Maurya *et al.* (2016) e Patel *et al.* (2018) observaram uma elevada hereditariedade e um elevado avanço genético em percentagem da média para o óleo volátil.

Falconer (1981) sugeriu que a hereditariedade ajuda a identificar a semelhança entre os pais e a sua descendência, enquanto o avanço genético fornece o conhecimento sobre o ganho esperado para um determinado carácter após a seleção.

Avanço genético

O caráter número de sementes por umbela (98,71%) apresentou maior avanço genético seguido de número de umbelas por planta (27,23%), altura de planta (10,60%), dias para maturação (10,47%), dias para floração (7.78%) , número de umbelas por umbela (4,08%), rendimento biológico por planta (3,68%), número de ramos por planta (3,61%), índice de colheita (3,22%) , rendimento de sementes por planta (1,31%), óleo volátil (1,14%) e peso de teste (0,59%).

Avanço genético em percentagem da média

A mudança na frequência genética sob pressão de seleção para o lado desejável é designada por avanço genético. Johnson *et al.* (1955) sugeriram que a estimativa da hereditariedade juntamente com o avanço genético é mais útil do que a hereditariedade isolada para prever o efeito resultante da seleção. Ambos os parâmetros são igualmente úteis na conceção do programa de melhoramento. A hereditariedade em sentido lato e o avanço genético em percentagem da média são parâmetros de seleção direta que fornecem um índice de transmissibilidade das características que indica a eficácia da seleção no melhoramento dos caracteres. A hereditariedade de um carácter descreve a medida em que este é transmitido geração após geração. O avanço genético é a estimativa adicional do ganho esperado resultante da pressão de seleção no material de reprodução. A elevada hereditariedade associada a um elevado avanço genético para diferentes componentes de rendimento tem um melhor alcance para a seleção de genótipos de elevado rendimento (Subramaniyam *et al.* 2018).

Alto avanço genético em relação à média foi observado para peso de teste (39,15%), número de ramos por planta (37,47%), número de sementes por umbela (35,12%), número de umbelas por planta (32,53%), número de umbelas por umbela (30.48%), rendimento de sementes por planta (26,17%), óleo volátil (23,87%), rendimento biológico por planta (19,87%), altura da planta (13,16%), índice de colheita (11,94%), dias para a floração (9,65%) e dias para a maturação (7,29%), nessa ordem.

Foi encontrada uma elevada hereditariedade associada a um elevado avanço genético em percentagem da média para os caracteres *viz.,* número de ramos por planta, número de umbelas por planta, número de umbelas por umbela, número de sementes por umbela, rendimento de sementes por planta, peso de teste e óleo volátil, o que indica a dominância do gene aditivo e, por conseguinte, a seleção seria recompensada para melhorar estes caracteres. Assim, a contribuição substancial da variância genética aditiva na expressão destas características é evidente e, por conseguinte, estas características podem ser melhoradas através de uma seleção eficaz.

4.4 Coeficientes de correlação

No domínio do melhoramento vegetal, os obtentores devem tratar em conjunto as várias características que atribuem rendimento, uma vez que a maior parte das características estão correlacionadas entre si. O rendimento económico ou rendimento de sementes, na maioria das culturas, é referido como o principal traço que resulta da ação aditiva ou das interacções multiplicativas de vários traços componentes que são designados como componentes de rendimento. Assim, a arquitetura genética do rendimento de sementes ou do rendimento económico, no ajwain e noutras culturas, baseia-se no efeito líquido global influenciado por vários rendimentos e características relacionadas, direta ou indiretamente, interagindo uns com os outros. Por conseguinte, o reconhecimento de componentes de rendimento importantes e a informação sobre a sua associação com o rendimento e também entre si são muito úteis para desenvolver critérios de seleção eficientes para a evolução de variedades de elevado rendimento.

O coeficiente de correlação fornece uma medida simétrica do grau de associação entre duas variáveis ou características e é útil para os melhoradores de plantas compreenderem a natureza e a magnitude da associação da produção de sementes e dos componentes da produção. A correlação presente nas características pode resultar de pleiotropia, ligação ou associações fisiológicas entre caracteres. A correlação é o efeito global ou líquido dos genes segregantes. Alguns dos genes podem aumentar ambos os caracteres, causando uma correlação positiva entre as características, enquanto outros podem aumentar um e diminuir o outro, causando uma correlação negativa (Falconer, 1981).

Para estimar a associação de caracteres, foi utilizada a análise de correlação para determinar o tipo e a magnitude da associação entre um par de caracteres. Estas associações permitem compreender melhor a contribuição de uma caraterística para a constituição genética das outras características de uma cultura.

Geralmente, o valor do coeficiente de correlação situa-se entre -1 e 1,0. No presente estudo, a maior parte dos valores dos coeficientes de correlação variou entre -1 e 1. Num caso, os valores dos coeficientes de correlação foram superiores a 1, o que pode dever-se ao facto de a covariância ser sobreavaliada e a variância subavaliada (Roy, 2000).

Os coeficientes de correlação foram estimados entre doze (12) características fenotípicas e de qualidade para descobrir a associação entre a produção de sementes por planta e a sua componente aos níveis genotípico (r_g) e fenotípico (r_p). Os coeficientes de correlação genotípica foram mais elevados do que os fenotípicos (quadro 4.4), o que indica que existe um elevado grau de associação entre duas variáveis ao nível genotípico; a sua expressão fenotípica pode ser desviada pela influência do ambiente. Os resultados dos coeficientes de correlação entre diferentes pares de caracteres são apresentados a seguir:

4.4.1 Rendimento de sementes por planta (g)

Os resultados revelaram que a produção de sementes por planta foi altamente correlacionada com a altura da planta ($r_g = 0,519$ e $r_p = 0,513$), número de ramos por planta ($r_g = 0,200$ e $r_p = 0,211$), número de umbelas por planta ($r_g = 0,879$ e $r_p = 0.835$), número de umbelas por umbela ($r_g = 0,881$ e $r_p = 0,800$), número de sementes por umbela ($r_g = 0,885$ e $r_p = 0,827$), rendimento biológico por planta ($r_g = 0.859$ e $r_p = 0,758$), índice de colheita ($r_g = 0,595$ e $r_p = 0,546$), peso do teste ($r_g = 0,474$ e $r_p = 0,463$), óleo volátil ($r_g = 0,456$ e $r_p = 0,425$). Correlação positiva e não significativa com os dias de maturação ($r_g = 0,115$ e $r_p = 0,082$). Houve uma correlação positiva e altamente significativa com os dias de floração para o nível genotípico ($r_g = 0,273$) e para o nível fenotípico positiva e não significativa ($r_p = 0,164$).

4.4.2 Dias até à floração

Os dias de floração apresentaram correlação altamente significativa e positiva com os dias de maturação (rg =1,027 e r_p =0,779), número de umbelas por planta (rg = 0,259 e rp= 0,192), número de umbelas por umbela (rg = 0,424 e rp= 0.293), e tanto a nível genotípico como fenotípico enquanto que, associação significativa e positiva com, altura da planta (rg =0.231), número de sementes por umbela (rg =0.212), rendimento biológico (rg =0.214), rendimento de sementes por planta (rg =0,273), associação não significativa e positiva com peso de teste (rg = 0,094 e rp = 0,065), índice de colheita (rg = 0,125 e rp = 0,068), a nível genotípico e fenotípico. Associação positiva e não significativa da correlação fenotípica com a altura da planta (rp =0,152), número de sementes por umbela (rp =0,156), rendimento biológico por planta (rp =0,160) e rendimento de sementes por planta (rp =0,164). O número de ramos por planta (rg = -0,037 e rp = -0,041), o óleo volátil (rg = -0,144 e rp = -0,141) apresentaram uma correlação não significativa e negativa tanto a nível genotípico como fenotípico.

4.4.3   Dias até ao vencimento

Os dias até à maturação mostraram uma correlação significativa e positiva com o número de umbelas por umbela (rg = 0,237 e rp = 0,194), tanto a nível genotípico como a nível fenotípico, ao passo que foi encontrada uma associação não significativa e positiva com a altura da planta (rp = 0,147) a nível fenotípico. Correlação não significativa e negativa com o número de ramos por planta (rg = -0,067 e rp = -0,057) e óleo volátil (rg = -0,023 e rp = -0,030) tanto a nível genotípico como a nível fenotípico. Por outro lado, os dias de maturação apresentaram uma correlação positiva e não significativa com o número de umbelas por planta (rg = 0,117 e rp = 0,100), número de sementes por umbela (rg = 0,086 e rp = 0.028), rendimento biológico (rg = 0,138 e rp = 0,085), índice de colheita (rg = 0,042 e rp = 0,036), peso de teste (rg = 0,057 e rp = 0,046) e rendimento de sementes por planta (rg = 0,115 e rp = 0,082) a nível genotípico e a nível fenotípico.

4.4.4   Altura da planta (cm)

A altura da planta apresentou correlações significativas e positivas com o número de ramos por planta (r_g = 0,247 e rp= 0,301), número de umbelas por planta (rg = 0,377 e rp= 0,367) e número de umbelas por umbela (rg =0,457 e rp= 0,437) , número de sementes por umbela (rg= 0,490 e rp= 0,472), rendimento biológico por planta (rg = 0.531 e rp= 0,563) , óleo volátil (rg = 0,324 e rp= 0,302) , rendimento de sementes por planta (rg = 0,519 e rp= 0,513) , tanto a nível genotípico como a nível fenotípico, enquanto que foram observadas correlações não significativas e positivas com o índice de colheita (rg = 0,156 e rp = 0,051) e o peso de teste (rg = 0,132 e rp = 0,151) a nível genotípico e a nível fenotípico.

4.4.5   Número de ramos por planta

O número de ramos por planta apresentou correlações altamente significativas e positivas com o número de umbelas por planta (rg = 0,422 e rp = 0,413), o número de umbelas por umbela (rg = 0,300 e rp = 0,292), o número de sementes por umbela (rg =

0,278 e rp = 0,286), o rendimento biológico por planta (rg = 0,323 e rp = 0.383) e rendimento de sementes por planta (rg = 0,200 e rp = 0,211), tanto a nível genotípico como fenotípico, ao passo que a correlação não é significativa e é positiva com o peso do teste (rg = 0,124 e rp = 0,137) e o óleo volátil (rg = 0,055 e rp = 0,070), tanto a nível genotípico como fenotípico. Enquanto o número de ramos por planta mostrou correlação significativa e negativa com o índice de colheita (rg = -0,130 e rp = -0,179), tanto a nível genotípico como fenotípico.

4.4.6 Número de umbelas por planta

A análise de correlação mostrou que o carácter número de umbelas por planta teve uma associação positiva e altamente significativa com o número de umbelas por umbela (rg = 0,814 e rp = 0,734), número de sementes por umbela (rg = 0,806 e rp = 0,744), rendimento biológico por planta (rg = 0.804 e rp = 699), índice de colheita (rg = 0,446 e rp = 0,372), peso de teste (rg = 0,409 e rp = 0,406) , óleo volátil (rg = 0,350 e rp = 0,328) e rendimento de sementes por planta (rg = 0,879 e rp = 0,835) tanto a nível genotípico como fenotípico. O número de umbelas por planta apresentou uma correlação positiva e significativa com as características de rendimento de sementes por planta, tanto a nível genotípico como fenotípico, e é uma caraterística importante para aumentar o rendimento de sementes.

4.4.7 Número de umbelletes por umbela

O número de umbelas por umbela registou uma associação altamente significativa e positiva com o número de sementes por umbela (rg = 0,887 e rp = 0,805), rendimento biológico por planta (rg = 0,740 e rp = 0,637), índice de colheita (rg = 0.559 e rp = 0,424), peso de teste (rg = 0,401 e rp = 0,378), óleo volátil (rg = 0,235 e rp = 0,232) e rendimento de sementes por planta (rg = 0,881 e rp = 0,800), tanto a nível genotípico como fenotípico, enquanto que.

4.4.8 Número de sementes por umbela

O número de sementes por umbela mostrou uma associação significativa e positiva com o rendimento biológico por planta (rg = 0,719 e rp = 0,658), índice de colheita (rg = 0,584 e rp = 0,429), peso de teste (rg = 0,508 e rp = 0,492), óleo volátil (rg = 0,401 e rp = 0,385) e rendimento de sementes por planta (rg = 0,885 e rp = 0,827), tanto a nível genotípico como fenotípico.

4.4.9 Rendimento biológico por planta (g)

O rendimento biológico por planta mostrou uma correlação significativa e positiva com o peso de teste (rg = 0,293 e rp = 0,286), óleo volátil (rg = 0,270 e rp = 0,240) e rendimento de sementes por planta (rg = 0,859 e rp = 0,758) a nível genotípico e fenotípico. Associação de correlação não significativa e positiva com o índice de colheita (rg = 0,103) a nível genotípico. Características que mostram uma associação não significativa e negativa com o índice de colheita (rp = -0,123) a nível fenotípico.

4.4.10 Índice de colheita (%)

O carácter índice de colheita mostrou uma correlação significativa e positiva com o peso de teste (rg = 0,403 e rp = 0,313), óleo volátil (rg = 0,447 e rp = 0,353) e rendimento de sementes por planta (rg = 0,595 e rp = 0,546) a nível genotípico e fenotípico.

4.4.11 Peso de ensaio (g)

Os resultados indicaram que o carácter peso do teste foi significativa e positivamente associado ao óleo volátil (rg = 0,462 e rp = 0,439) e à produção de sementes por planta (rg = 0,474 e rp = 0,463), tanto a nível genotípico como fenotípico.

4.4.12 Óleo volátil

O óleo volátil apresentou uma correlação significativa e positiva com a produção de sementes por planta (rg = 0,456 e rp = 0,425) a nível genotípico e fenotípico.

Em geral, a natureza das correlações inter-traços pode aumentar ou retardar o progresso da seleção. Uma associação positiva indica que a seleção para melhoria de um dos componentes do rendimento resultaria no aumento concomitante de um ou mais componentes.

No presente estudo, verificou-se que o rendimento de sementes por planta foi positivo e altamente significativo correlacionado para o nível genotípico com dias de floração para resultados semelhantes foi dado por Singh *et al.* (2019) e Shravanthi *et al.* (2014), altura da planta relatada por Singh *et al.* (2019) ,Chauhan *et al.* (2019) e Shravanthi *et al.* (2014), número de ramos por planta relatado Subramaniyam *et al.*

(2018) e Shravanthi *et al.* (2014), o número de umbelas por planta foi observado por Singh *et al.* (2019), Chauhan *et al.* (2019), Kumar *et al.* (2017), Jeetrwal (2015) e Shravanthi *et al.* (2014), o número de umbelas por umbela também foi observado anteriormente por Subramaniyam *et al.* (2018), Chauhan *et al.* (2019) e Shravanthi *et al.* (2014), os resultados do número de sementes por umbela estavam de acordo com os resultados de Subramaniyam *et al.* (2018), Sandhu *et al.* (2018) e Safidan *et al.* (2014), resultados semelhantes foram observados para o rendimento biológico por planta por Meena *et al.* (2016), Dashora e sastry (2011) e Cosge *et al.* (2009). O índice de colheita produziu resultados mais semelhantes em Sandhu *et al.* (2018), Nagappa *et al.* (2017) e Sravanthi *et al.* (2014). Essas descobertas estavam de acordo com os resultados do peso do teste de Singh *et al.* (2019), Meena *et al.* (2016) e Chauhan *et al.* (2019) e para o óleo volátil resultados semelhantes relatados por Meena *et al.* (2017) e Safidan *et al.* (2014).

O rendimento de sementes por planta teve uma correlação positiva não significativa com os dias até à maturidade, resultado semelhante foi concluído por Singh *et al.* (2019) para o nível genotípico.

No presente estudo, os pares de características registaram valores mais elevados de correlações genotípicas do que as correlações fenotípicas correspondentes. Este valor mais elevado das correlações genotípicas pode dever-se ao efeito de mascaramento ou de modificação dos ambientes na associação destes caracteres. Isto indica que existe um elevado grau de associação entre duas variáveis a nível genotípico, mas que a sua expressão fenotípica foi atenuada pela influência dos factores ambientais. A ocorrência de estimativas mais altas de correlações genotípicas do que as correlações fenotípicas correspondentes entre o rendimento de sementes e os componentes de rendimento em ajwain também foi relatada por Singh *et al.* (2019), Subramaniyam *et al.* (2018), Meena *et al.* (2016), Chauhan *et al.* (2019), Sandhu *et al.* (2018), Nagappa *et al.* (2017) e Sravanthi *et al.* (2014).

No presente estudo, a produção de sementes por planta teve uma correlação altamente significativa e positiva com a altura da planta, o número de ramos por planta, o número de umbelas por planta, o número de umbelas por umbela, o número de sementes por umbela, a produção biológica por planta, o índice de colheita, o peso de teste e o óleo volátil, tanto a nível genotípico como fenotípico, o que indica que estas características atribuídas tiveram maior influência na produção de sementes de Javaina e, por conseguinte, foram importantes para o melhoramento genético da produção de sementes de Javaina.

Os presentes resultados sobre os coeficientes de correlação revelaram que a altura da planta, o número de ramos por planta, o número de umbelas por planta, o número de umbelas por umbela, o número de sementes por umbela, o rendimento biológico por planta, o índice de colheita, o peso de teste e o óleo volátil foram as características mais importantes e podem contribuir consideravelmente para um maior rendimento de sementes. A inter-relação entre as características componentes do rendimento de sementes ajudaria em futuros programas de melhoramento para aumentar os níveis de rendimento de sementes e, por conseguinte, deve ser dada maior ênfase a estas características componentes ao implementar critérios de seleção para o programa de melhoramento do rendimento de sementes de ajwain.

Tabela 4.4: Correlação genotípica e coeficiente de correlação fenotípica para diferentes caracteres em ajwain

		DF	DM	PH	BPP	UPP	UPU	SPU	BY	HI	TW	VO	SPP
DF	r g	1.000	1.027**	0.231*	-0.037	0.259**	0.424**	0.247**	0.278**	0.125	0.094	-0.144	0.273**
	r p	1.000	0.779**	0.152	-0.041	0.192*	0.293*	0.156	0.160	0.068	0.065	-0.141	0.164
DM	r g		1.000	0.203*	-0.067	0.117	0.237**	0.086	0.138	0.042	0.057	-0.023	0.115
	r p		1.000	0.147	-0.057	0.100	0.194*	0.028	0.085	0.036	0.046	-0.030	0.082

PH	r_g	1.000	0.247**	0.377**	0.457**	0.490**	0.531**	0.156	0.132	0.324	0.519**
	r_p	1.000	0.301*	0.367*	0.437*	0.472*	0.563*	0.051	0.151	0.302	0.513*
BPP	r_g		1.000	0.422**	0.300**	0.278**	0.323**	-0.130	0.124	0.055	0.200*
	r_p		1.000	0.413*	0.292*	0.286*	0.383*	-0.179	0.137	0.070	0.211*
UPP	r_g			1.000	0.814**	0.806**	0.804**	0.446**	0.409**	0.350	0.879**
	r_p			1.000	0.734*	0.744*	0.699*	0.372*	0.406*	0.328	0.835*
UPU	r_g				1.000	0.887**	0.740**	0.559**	0.401**	0.235	0.881**
	r_p				1.000	0.805*	0.637*	0.424*	0.378*	0.232	0.800*
SPU	r_g					1.000	0.719**	0.584**	0.508**	0.401	0.885**
	r_p					1.000	0.658*	0.429*	0.492*	0.385	0.827*
BY	r_g						1.000	0.103	0.293**	0.270	0.859**
	r_p						1.000	-0.123	0.286*	0.240	0.758*
HI	r_g							1.000	0.403**	0.447	0.595**
	r_p							1.000	0.313*	0.353	0.546*
TW	r_g								1.000	0.462	0.474**
	r_p								1.000	0.439	0.463*
VO	r_g									1.000	0.456**
	r_p									1.000	0.425*
SPP	r_g										1.000
	r_p										1.000

*, ** significativo ao nível de significância de 0,05% e 0,01%, respetivamente

4.5   Análise do coeficiente de caminho

A análise do coeficiente de caminho é simplesmente um coeficiente de regressão parcial normalizado que divide o coeficiente de correlação em medidas de efeitos directos e indirectos. Os caracteres que mostraram uma correlação genotípica significativa com a produção de sementes por planta foram considerados para a análise do coeficiente de trajetória. Cada carácter componente terá um efeito direto no rendimento e os seus efeitos são designados por efeitos directos. Os efeitos de um carácter independente sobre o carácter dependente *através de* outras características independentes são conhecidos como efeitos indirectos. O efeito residual mede o papel de outras possíveis variáveis independentes que não foram incluídas no estudo sobre a variável dependente. Na análise de trajetória, um diagrama de linhas construído com a ajuda do coeficiente de correlação simples entre vários caracteres incluídos no estudo é designado por diagrama de trajetória.

Uma situação complexa que se coloca a um melhorador de plantas é a seleção de cultivares de elevado rendimento, que é uma caraterística poligénica influenciada por vários componentes direta ou indiretamente.   A análise do coeficiente de caminho é uma ferramenta que permite dividir o coeficiente de correlação simples observado em efeitos directos e indirectos dos componentes de rendimento na produção de sementes, a fim de fornecer uma imagem clara das associações de caracteres para a formulação de critérios de seleção eficientes. A análise da trajetória difere das correlações simples porque aponta as causas e a sua importância relativa, enquanto a correlação mede simplesmente a associação mútua, ignorando a causalidade.

Os resultados obtidos para os efeitos directos e indirectos dos diferentes caracteres na produção de sementes por planta são apresentados no (Quadro 4.5) e representados esquematicamente na (Fig. 4.3).

4.5.1   Dias para a floração *vs.* Rendimento de sementes por planta (g)

O coeficiente de correlação entre os dias para a floração e a produção de sementes por planta foi significativo e positivo (rg = 0,273), mas o efeito direto deste carácter sobre a produção de sementes por planta foi negativo (-0,029). Os dias para a floração exerceram efeitos indirectos positivos na produção de sementes por planta *através dos* dias para a maturação (0,005), altura da planta (0,007), número de ramos por planta (0,000), número de umbelas por planta (0.005), número de umbelas por umbela (0,003), rendimento biológico por planta (0,216), índice de colheita (0,061), peso de teste (0,004) e óleo volátil (0,002), enquanto que os efeitos indirectos negativos sobre o rendimento de sementes por planta *via* número de sementes por umbela (-0,002).

4.5.2   Dias até à maturidade *vs.* Rendimento de sementes por planta

Os dias até à maturação tiveram uma associação não significativa e positiva com a produção de sementes por planta (rg = 0,115), enquanto que o seu efeito direto foi positivo (0,005). Apresentou um efeito indireto positivo *através da* altura da planta (0,006), número de ramos por planta (0,001), número de umbelas por planta (0,002), número de umbelas por umbela (0,002 rendimento biológico por planta (0,108), índice de colheita (0,021), peso de teste (0,003) e óleo volátil (0,000).   O efeito indireto deste carácter *através de* outros caracteres, *nomeadamente,* dias para a floração (-0,030), número de sementes por umbela (-0,001) foi negativo.

4.5.3   Altura da planta (cm) *vs.* Rendimento de sementes por planta (g)

Foi observada uma correlação positiva e significativa entre a altura da planta e a produção de sementes por planta (rg = 0,519). O efeito direto da altura da planta na produção de sementes por planta foi positivo (0,029). Esta caraterística apresentou efeitos indirectos positivos através dos dias até à maturação (0,001), número de umbelas por planta (0,008), número de umbelas por umbela (0,003), rendimento biológico por planta (0,413), índice de colheita (0,077) e peso de teste (0,006). Seu efeito negativo indireto através de. Dias para a floração (-0,007), número de ramos por planta (-0,002), número de sementes por umbela (-0,003) e óleo volátil (0,004).

4.5.4   Número de ramos por planta *vs* Produção de sementes por planta (g)

O número de ramos por planta apresentou correlação significativa e positiva com a produção de sementes por planta (rg = 0,200) e o seu efeito direto foi negativo (-0,009), enquanto que o número de ramos por planta teve efeitos indirectos positivos através dos dias para a floração (-0,001), dias para a maturação (0.000), altura da planta (0,007), número de umbelas por planta (0,009), número de umbelas por umbela (0,002), rendimento biológico por planta (0,251) e peso de teste (0,006), enquanto que exerceu efeito indireto negativo *através do* número de sementes por umbela (-0,002), índice de colheita (-0,064) e óleo volátil (-0,001).

4.5.5   Número de umbelas por planta *vs.* Rendimento de sementes por planta

(g)

Houve uma associação altamente significativa e positiva entre o número de umbelas por planta e a produção de sementes por planta (rg = 0,879). O efeito direto do número de umbelas por planta foi positivo (0,020), indicando uma melhor associação entre estas características. O efeito positivo e indireto deste caráter sobre a produtividade de sementes por planta foi observado através dos dias para maturação (0,001), altura da planta (0,011), número de umbelas por umbela (0,005), produtividade biológica por planta (0,625), índice de colheita (0.219), e peso de teste (0,019). Enquanto que, mostrou efeitos indirectos baixos e negativos *através de* dias para a floração (-0,008), número de ramos por planta (-0,004), número de sementes por umbela (-0,005) e óleo volátil (-0,005).

4.5.6 Número de umbelletes por umbela *vs.* Rendimento de sementes por planta (g)

Houve uma associação altamente significativa e positiva entre o número de umbelas por umbela e a produção de sementes por planta (rg = 0,881). O efeito direto do número de umbelas por umbela foi positivo (0,007). Esta caraterística apresentou efeito indireto positivo em dias para a maturação (0,001), altura da planta (0,013), número de umbelas por planta (0,017), rendimento biológico por planta (0,575), índice de colheita (0,274) e peso de teste (0,018), enquanto que apresentou efeitos indiretos baixos e negativos *em* dias para a floração (-0,0012), número de ramos por planta (-0,003), número de sementes por umbela (-0,006) e óleo volátil (-0,003).

4.5.7 Número de sementes por umbela *vs.* Rendimento de sementes por planta (g)

O número de sementes por umbela apresentou correlação significativa e positiva com a produtividade de sementes por planta (rg = 0,885) e seu efeito direto foi negativo (-0,007), enquanto que os dias para a maturação (0,000), altura da planta (0,014), número de umbelas por planta (0,017), número de umbelas por umbela (0,006), produtividade biológica por planta (0,559), índice de colheita (0,287) e peso de teste

(0,023). Por outro lado, apresentou efeitos indiretos baixos e negativos *via* dias para floração (-0,007), número de ramos por planta (-0,002) e óleo volátil (-0,006).

4.5.8   Rendimento biológico por planta (g) *vs.* Rendimento de sementes por planta (g)

O rendimento biológico por planta teve uma associação altamente significativa e positiva com o rendimento de sementes por planta (rg = 0,859), no entanto, o seu efeito direto foi positivo (0,777). Apresentou efeitos positivos e indirectos *através dos* dias até à maturação (0,001), altura da planta (0,015), número de umbelas por planta (0,016), número de umbelas por umbela (0,005), índice de colheita (0,050) e peso de teste (0,014), enquanto que apresentou efeitos indirectos negativos *através dos* dias até à floração (-0,008), número de ramos por planta (-0,003), número de sementes por umbela (-0,005) e óleo volátil (-0,004).

4.5.9   Índice de colheita (%) *vs.* Rendimento de sementes por planta (g)

O coeficiente de correlação entre o índice de colheita e a produção de sementes por planta foi significativo e positivo (rg = 0,595). O seu efeito direto foi positivo (0,491), enquanto que o índice de colheita teve efeitos indirectos positivos através dos dias até à maturação (0,000), altura da planta (0,004), número de ramos por planta (0,001), número de umbelas por planta (0.009), número de umbelas por umbela (0,004), rendimento biológico por planta (0,080) e peso de teste (0,019). enquanto, apresentou efeitos indiretos negativos *através de* dias para floração (-0,004), número de sementes por umbela (-0,004) e óleo volátil (-0,006).

4.5.10   Peso do teste (g) *vs.* Rendimento de sementes por planta (g)

O peso do teste teve uma associação significativa e positiva com a produção de sementes por planta (rg = 0,474). O seu efeito direto foi positivo (0,046). Apresentou efeito indireto positivo *através dos* dias para a maturação (0,000), altura da planta (0,004), número de umbelas por planta (0,008), número de umbelas por umbela (0,003), rendimento biológico por planta (0,228) e índice de colheita (0,198). enquanto que, apresentou efeitos indirectos negativos *através dos* dias para a floração (-0,003), número de ramos por planta (-0,001), número de sementes por umbela (-0,003) e óleo volátil (-0,006).

4.5.11   Óleo volátil (por cento) *vs.* Rendimento de sementes por planta (g)

O óleo volátil teve uma associação significativa e positiva com a produção de sementes por planta (rg = 0,456), no entanto, o seu efeito direto foi negativo (-0,014). Apresentou efeito indireto positivo através *dos* dias para a floração (0,004), dias para a maturação (0,000), altura da planta (0,009), número de ramos por planta (0,000), número de umbelas por planta (0,007), número de umbelas por umbela (0,002), rendimento biológico (0,210), índice de colheita (0,220) e peso de teste (0,021). Enquanto que, apresentou efeitos indiretos negativos *via* número de sementes por umbela (-0,003).

A análise do coeficiente de caminho revelou que os dias até à maturidade, a altura da planta, o número de umbelas por planta, o número de umbelas por umbela, o rendimento biológico por planta, o índice de colheita e o peso de teste apresentaram um efeito direto elevado e positivo no rendimento de sementes por planta e foram considerados os componentes mais importantes para o rendimento. Os caracteres dias até à floração, número de ramos por planta, número de sementes por umbela e óleo volátil mostraram um efeito direto negativo no rendimento de sementes por planta a nível genotípico.

Para os dias até a floração, resultados semelhantes foram relatados por Subramaniyam *et al.* (2018) e Harischand *et al.* (2017). Os dias até a maturidade têm efeito direto positivo no rendimento das sementes, resultados relacionados foram relatados por singh *et al.* (2019), Harishchand *et al.* (2017) e Nagappa *et al.* (2017). A altura da planta relatou o resultado semelhante por Meena *et al.* (2016), Chauhan *et al.* (2019) e Harishchand *et al.* (2017). Ghanshyam *et al.* (2015), Subramaniyam *et al.* (2018) e Harishchand *et al.* (2017) relataram que o número de ramos por planta teve um efeito direto negativo na produção de sementes por planta. Para o número de umbelas por planta, resultados semelhantes foram relatados por Ghanshyam *et al.* (2015), Subramaniyam *et al.* (2018), Chauhan *et al.* (2019), Yadav *et al.* (2018) e Sandhu *et al.* (2018), enquanto Meena *et al.* (2016), Ghanshyam *et al.* (2015), Chauhan *et al.* (2019) e Harishchand *et al.* (2017) relataram resultados semelhantes para o número de umbelas por umbela. o número de sementes por umbela exibiu efeito direto negativo no rendimento de sementes por planta, anteriormente este tipo de resultados foi obtido por Subramaniyam *et al.* (2018). Para o conteúdo de rendimento biológico por planta, resultados semelhantes foram obtidos por Meena *et al.* (2016) e Dashora e Sastry. (2011). o índice de colheita exibiu efeito direto positivo no rendimento de sementes por planta, anteriormente esse tipo de resultado foi obtido por Yadav *et al.* (2018), Sandhu *et al.* (2018) e Shrivanthi *et al.* (2014). Também o efeito direto positivo do peso do teste com o rendimento das sementes foi relatado por Singh *et al.* (2019), Chauhan *et al.* (2019) e Yadav *et al.* (2018). Por outro lado, Ghanshyam *et al.* (2015) e Meena *et al.* (2016) apresentaram resultados contraditórios com os resultados actuais para o óleo volátil.

Assim, os caracteres: dias para a floração, altura da planta, número de ramos por planta, número de umbelas por planta, número de umbelas por umbela, número de sementes por umbela, rendimento biológico por planta, índice de colheita, peso de teste e óleo volátil revelaram-se os principais componentes da produção de sementes por planta e a seleção direta destes caracteres pelo melhorador de plantas será recompensada pela melhoria da produção e dos seus atributos.

Quadro 4.5: Efeitos directos e indirectos da componente de rendimento no rendimento de sementes de ajwain.

Sr. Não	Carácter	DF	DM	PH	BPP	UPP	UPU	SPU	BY	HI	TW	VO	Correlação genotípica com SPP
1	DF	**-0.029**	0.005	0.007	0.000	0.005	0.003	-0.002	0.216	0.061	0.004	0.002	0.273**
2	DM	-0.030	**0.005**	0.006	0.001	0.002	0.002	-0.001	0.108	0.021	0.003	0.000	0.115
3	PH	-0.007	0.001	**0.029**	-0.002	0.008	0.003	-0.003	0.413	0.077	0.006	-0.004	0.519**
4	BPP	0.001	0.000	0.007	**-0.009**	0.009	0.002	-0.002	0.251	-0.064	0.006	-0.001	0.200*

5	**UPP**	-0.008	0.001	0.011	-0.004	**0.020**	0.005	-0.005	0.625	0.219	0.019	-0.005	0.879**
6	**UPU**	-0.012	0.001	0.013	-0.003	0.017	**0.007**	-0.006	0.575	0.274	0.018	-0.003	0.881**
7	**SPU**	-0.007	0.000	0.014	-0.002	0.017	0.006	**-0.007**	0.559	0.287	0.023	-0.006	0.885**
8	**BY**	-0.008	0.001	0.015	-0.003	0.016	0.005	-0.005	**0.777**	0.050	0.014	-0.004	0.859**
9	**HI**	-0.004	0.000	0.004	0.001	0.009	0.004	-0.004	0.080	**0.491**	0.019	-0.006	0.595**
10	**TW**	-0.003	0.000	0.004	-0.001	0.008	0.003	-0.003	0.228	0.198	**0.046**	-0.006	0.474**
11	**VO**	0.004	0.000	0.009	0.000	0.007	0.002	-0.003	0.210	0.220	0.021	**-0.014**	0.456**

*, ** significativo ao nível de significância de 0,05% e 0,01%, respetivamente.
(Efeito residual = 0,00117)

4.6 Divergência genética

A divergência genética, juntamente com a variabilidade genética, é de grande interesse para o obtentor de plantas, uma vez que desempenham um papel vital num programa de melhoramento bem sucedido. No presente estudo, a divergência genética foi estudada de acordo com o procedimento sugerido pela estatística Mahalanobis D^2.

A análise de Mahalanobis D^2 foi efectuada utilizando todos os 12 caracteres e a distância euclidiana generalizada foi calculada para cada par de genótipos.

Os obtentores de plantas estão sempre interessados em avaliar a diversidade genética entre o germoplasma, as variedades ou o material de reprodução avançado de que dispõem, de modo a utilizá-los no programa de reprodução direta, porque (i) os progenitores geneticamente diversos são susceptíveis de produzir efeitos heteróticos elevados e (ii) os progenitores distantemente relacionados dentro da mesma espécie, quando utilizados no programa de reprodução cruzada, são susceptíveis de produzir um espetro mais amplo de variabilidade.

Para um melhorador de plantas, um único carácter não é muito importante, pois o mérito combinado de um número de características desejáveis torna-se mais importante quando ele/ela está preocupado com uma caraterística complexa como a produção de sementes. Assim, para melhorar a produção de sementes, é necessário selecionar os progenitores com base no número de caracteres com divergência quantitativa, o que pode ser feito através da estatística D^2 desenvolvida por Mahalanobis (1936) e do método de Tocher descrito por Rao (1952).

A distância entre dois agrupamentos é uma medida do grau de diversificação. Quanto maior a distância entre dois grupos, maior a divergência e vice-versa.   Os genótipos do mesmo agrupamento estavam mais estreitamente relacionados entre si do que os pertencentes a outro agrupamento. Por outras palavras, os genótipos agrupados num cluster são menos divergentes do que os genótipos colocados num cluster diferente.

4.6.1   Distribuição dos genótipos em grupos

Quarenta genótipos de ajwain foram agrupados em dez grupos pelo método de Tocher.   As composições dos grupos são apresentadas no Quadro 4.6 e na Figura 4.5. Os resultados indicaram que um número máximo de genótipos diversos apareceu no agrupamento I (21 genótipos), seguido do agrupamento III (9 genótipos).

No presente estudo, a estatística D^2 estimada em quarenta genótipos de ajwain para doze caracteres mostrou que a distância generalizada (D^2) entre duas entradas variou de 32,04 a 897,53, o que indicou que a diversidade está presente no genótipo estudado. Com base nos valores de D^2, foram formados nove grupos de quarenta genótipos de ajwain. O agrupamento I foi o maior, com vinte e um genótipos, seguido do agrupamento III, com nove genótipos, enquanto o agrupamento VII tem quatro genótipos e os agrupamentos II, IV, V, VI, VIII e IX têm um genótipo cada. Este facto indica a presença de diversidade nos 40 genótipos em estudo.

Tabela 4.6: Distribuição dos genótipos avaliados quanto à produção de sementes em diferentes grupos de ajwain

Aglomerado	N.º de genótipos	Nome dos genótipos
I	21	NDAJ-10, NDAJ-11, NDAJ 14, JA 18-04, NS 1, JA 2013-4, JA 18 -03, NDAJ 1, JA 18-02, JA 18-08, JA 16-06, JA 17-02, JA 18-06 , JA 07-01, JA 16-01, LS 14-3, NDAJ 7,

		JA-01, JA 219, GA 2, JA -187
II	1	AG 1
III	9	JA 218, MLT 60, LS 14-08, JA 17-01, JA 07-06, AA-06, AA-73, HAJ-07, AA-02
IV	1	JA 111
V	1	JA 17-06
VI	1	AA-01
VII	4	JA 18-05, NDAJ 6, JA 18-07, JA 18-01
VIII	1	JA-190
IX	1	HAJ-18

4.6.2 Distâncias intra e inter-agrupamentos

A distância intra e inter clusters D^2 entre todos os pares possíveis de nove clusters foi calculada e apresentada na (Tabela 4.7) e representada na (Figura 4.4).

O padrão de agrupamento mostrou que os genótipos de diferentes origens foram agrupados num único grupo e que os genótipos da mesma origem formaram grupos diferentes, o que indica que não há relação entre divergência geográfica e genética.

A distância máxima inter-agrupamentos foi observada entre VII e III (D^2 =897,53), seguida pelo agrupamento V e III (D^2 =768,35); agrupamento VI e III (D^2 =650,44); agrupamento IV e III (D^2 =581,82); agrupamento III e II (D^2 =499,26); agrupamento VII e V (D^2 =442,68). A menor distância inter-agrupamentos foi observada entre os agrupamentos IV e II (D^2 =32,04).

No presente estudo, a distância máxima intra-agrupamento foi observada para o agrupamento I (D^2 =104,11) seguido pelo agrupamento III (D^2 =98,22). A menor distância intra-agrupamento (D^2 =0,00) foi observada para II, IV, V, VI, VIII e IX.

Tabela 4.7: Valor médio intra e inter-agrupamento D^2 de 40 genótipos de ajwain

Aglomerado	I	II	III	IV	V	VI	VII	VIII	IX
I	104.11	157.84	286.23	169.62	228.12	183.13	304.13	160.41	159.3

II		0	499.26	32.04	101.21	155.91	242.21	406.75	102.46
III			98.22	581.82	768.35	650.44	897.53	241.06	431.69
IV				0	41.29	91.83	175.06	396.02	144.12
V					0	62.48	78.23	442.68	191.4
VI						0	91.21	261.15	253.85
VII							79.96	437.12	282.07
VIII								0	364.04
IX									0

(Nota: - D^2 valores são mencionados na tabela acima)

4.6.3 Contribuição das características individuais para a divergência

O rendimento de sementes por planta (23%) contribuiu ao máximo para a divergência genética, seguido pelo peso de teste (15,84%), rendimento biológico por planta (15,64%), índice de colheita (12,65%), número de ramos por planta (10,9%), óleo volátil (9,05%), número de umbelas por planta (7.4%), dias para a floração (3%), número de sementes por umbela (2%), altura da planta (0,26%), número de umbelas por umbela (0,13%) e dias para a maturação (0,13%) contribuíram para a divergência genética total descrita na (Tabela 4.8) e representada esquematicamente na (Fig. 4.5).

Quadro 4.8: Contribuição de vários traços para a divergência genética total

N.º Sr.	Personagens	Tempo classificado em primeiro lugar	Contribuição (%)
1.	Dias até à floração	23	3
2.	Dias até ao vencimento	1	0.13
3.	Altura da planta	2	0.26
4.	Número de ramos por planta	84	10.9

5.	Número de umbelas por planta	57	7.4
6.	Número de umbelas por umbela	1	0.13
7.	Número de sementes por umbela	15	2
8.	Rendimento de sementes por planta	177	23
9.	Rendimento biológico por planta	120	15.64
10.	Índice de colheita	97	12.65
11.	Peso de ensaio	122	15.84
12.	Óleo volátil	70	9.05

4.6.4 Meios de agrupamento para caracteres diferentes

O desempenho médio dos valores de agrupamento para todos os doze caracteres foi apresentado na Tabela 4.9. Uma quantidade considerável de variação inter-agrupamento foi observada entre os dias para a floração, dias para a maturidade, altura da planta, número de ramos por planta, número de umbelas por planta, número de umbelas por umbela, número de sementes por umbela, rendimento de sementes por planta, rendimento biológico por planta, índice de colheita, peso de teste e óleo volátil.

4.6.4.1 Dias até à floração

As médias dos grupos observadas para dias até a floração variaram de 65,33 (grupo VI) a 83,67 dias (grupo IV). Os genótipos do grupo VI (65,33 dias) parecem ser precoces em termos de dias para a floração, seguidos pelo grupo II (72), grupo VII (74,67) e grupo IX (78,67), enquanto que a média do grupo IV (83,67) foi a mais elevada, indicando dias tardios para a floração.

4.6.4.2 Dias até ao vencimento

As médias dos dias até à maturação variaram entre 129 (grupo VI) e 145,6 dias (grupo I). A média dos dias até à maturação revelou que o grupo VI (129) foi o mais precoce em termos de dias até à maturação, seguido do grupo II (135) e do grupo VII (138), enquanto o grupo I (146,6) foi o mais tardio em termos de dias até à maturação.

4.6.4.3 Altura da planta (cm)

O intervalo das médias dos grupos para esta caraterística variou de 72,87 (grupo IX) a 91,07 cm (grupo IV). A média dos cachos para a altura da planta revelou que o cacho IX (72,87 cm) tinha plantas anãs, seguido pelo cacho VII (73,27 cm), cacho VI

(77,47 cm), cacho VII (79,53 cm). A maior altura de planta foi observada no grupo IV (91,07 cm).

4.6.4.4 Número de ramos por planta

O intervalo das médias dos grupos para o número de ramos por planta variou de 7,07 (grupo IX) a 12,73 (grupo VIII). Os genótipos com número máximo de ramos por planta foram encontrados no grupo VIII (12,73), seguido pelo grupo VII (10,45), grupo III (9,99) e grupo I (9,6). O menor número de ramos por planta foi observado no grupo IX (7,07).

4.6.4.5 Número de umbelas por planta

O intervalo da média dos grupos para o número de umbelas por planta variou de 64,07 (grupo VI) a 100,87 (grupo IX). Os genótipos com número máximo de umbelas por planta foram encontrados no grupo IX (100,87), seguido pelo grupo III (89,26), grupo VII (84,22) e grupo VIII (83,4). O menor número de umbelas por planta foi observado no grupo VI (64,07).

Tabela 4.9: Média de agrupamento para 12 caracteres diferentes em 40 genótipos de ajwain.

Aglomerado	DF	DM	PH	NOB	UPP	UPU	SPU	SPP	BY	HI	TW	VO
I	81.94	145.6	80.46	9.6	82.99	13.45	274.34	4.92	18.54	26.58	1.48	4.73
II	72	135	87.2	7.13	80.4	10.67	248.88	5.1	19.45	26.25	1.35	5.21
III	79.81	141.85	80.73	9.99	89.26	14.12	315.38	5.3	19.01	27.84	1.9	5.16
IV	83.67	144.67	91.07	7.8	67.73	11.07	266.93	5.19	17.94	28.95	1.28	4.81
V	82.33	146	87.67	8.73	68.27	14.6	276.27	5.23	18.94	27.7	1.14	4.46
VI	65.33	129	77.47	9.07	64.07	9	198.07	3.66	14.95	24.49	1.1	4.02
VII	82.08	144.17	79.53	10.45	84.22	13.47	273.33	4.74	18.7	25.53	1.06	4.49
VIII	74.67	138	73.27	12.73	83.4	10.8	205.16	4.5	17.76	25.32	1.53	4.29
IX	78.67	141	72.87	7.07	100.87	16.2	352.73	5.8	16.39	35.42	1.4	5.22

4.6.4.6   Número de umbelletes por umbela

A média do grupo observada para o número de umbelas por umbela variou de 9 (grupo VI) a 16,2 (grupo IX). O grupo IX (16,2) registou a média de grupo mais elevada para o número de umbelas por umbela, seguido do grupo V (14,6), grupo III (14,12) e grupo VII (13,47). A média mais baixa para o número de umbelas por umbela foi registada no grupo VI (9).

4.6.4.7   Número de sementes por umbela (g)

As médias dos grupos para este carácter variaram de 198,07 (grupo VI) a 352,73 (grupo IX). O grupo IX (352,73) registou a média mais elevada para o número de sementes por umbela, seguido do grupo III (315,38) e do grupo V (276,27), enquanto o grupo VI (198,07) registou a média mínima para o número de sementes por umbela.

4.6.4.8   Rendimento de sementes por planta (g)

A média dos grupos para a produção de sementes por planta variou de 3,66 (grupo VI) a 5,8 (grupo IX). As plantas com maior produção de sementes por planta foram agrupadas no grupo IX (5,8) seguido pelo grupo III (5,3), grupo V (5,23), grupo IV (5,19) enquanto que as plantas com menor produção de sementes por planta foram agrupadas no grupo VI (3,66).

4.6.4.9   Rendimento biológico por planta (g)

As médias dos grupos para o rendimento biológico por planta variaram de 14,95 (grupo VI) a 19,45 (grupo II). O grupo II (19,45) apresentou a maior média de rendimento biológico por planta, seguido pelo grupo III (19,01) e pelo grupo V (18,94). A média mais baixa para o rendimento biológico por planta foi apresentada pelo grupo VI (14,95).

4.6.4.10   Índice de colheita (%)

A média do agrupamento observada para o índice de colheita variou de 24,49 (agrupamento VI) a 35,42 (agrupamento IX). O cacho IX (35,42) registou a maior média de cacho para o índice de colheita, seguido pelo cacho IV (28,95), cacho III (27,84) e cacho V (27,7). A média mais baixa do índice de colheita foi registada no grupo VI (24,49).

4.6.4.11   Peso de ensaio (g)

A média do grupo observada para o peso de teste variou de 1,06 (grupo VII) a 1,9 (grupo III). O grupo III (1,9) registou a média de grupo mais elevada para o peso de teste, seguido do grupo I (1,48), do grupo IX (1,4) e do grupo II (1,35). A média mais baixa do grupo para o peso de teste foi registada pelo grupo VII (1,06).

4.6.4.12 Óleo volátil (g)

A média do grupo observada para o óleo volátil variou de 4,02 (grupo VI) a 5,22 (grupo IX). O agrupamento IX (5,22) registou a média mais elevada para o óleo volátil, seguido do agrupamento II (5,21), do agrupamento III (5,16) e do agrupamento IV (4,81). A média mais baixa para o óleo volátil foi registada no grupo VI (4,02).

A distância inter-agrupamentos máxima foi observada no agrupamento VII e no agrupamento III, pelo que se pode dizer que existia um elevado grau de diversidade genética entre estes agrupamentos e que, por conseguinte, podem ser utilizados no âmbito do programa de hibridação inter-variedades para obter recombinantes de elevado rendimento. A distância inter-agrupamentos mais baixa foi observada entre os agrupamentos IV e II, seguida dos agrupamentos V e IV e dos agrupamentos VI e V, mostrando que estes agrupamentos eram relativamente menos divergentes e que o cruzamento entre eles não pode produzir descendentes vigorosos (F_1 progenies).

Observou-se uma ampla gama de variação para vários caracteres entre os grupos multigenotípicos. No entanto, a caraterística mais importante que causou a divergência genética máxima foi observada no rendimento de sementes por planta (23%), seguida do peso de teste (15,84%), do rendimento biológico por planta (15,64%), do índice de colheita (12,65%), do número de ramos por planta (10,9%), do óleo volátil (9,05%), do número de umbelas por planta (7,4%) e dos dias até à floração (3%), que foram as características importantes que contribuíram para a divergência genética total. Foi observada uma diversidade considerável de 97,48% devido a estes oito caracteres importantes. Assim, a seleção de progenitores divergentes com base nestes oito caracteres seria útil para os criadores de plantas para a criação de variação em ajwain. As presentes descobertas foram relatadas anteriormente por Nagar *et al.* (2019), Singh *et al.* (2017), Gauhar *et a.* (2018) e Awas *et al.* (2017) contribuíram com baixo número de sementes por umbela (2%), altura da planta (0,26%) número de umbelas por umbela (0,13%) e dias até a maturidade (0,13%) (abaixo de 3%). A baixa diversidade destes caracteres num grupo de genótipos tão diverso pode também sugerir um elevado grau de consistência e uma hereditariedade moderada a baixa destes caracteres.

As médias mais elevadas do grupo para a produção de sementes por planta (5,8) registadas pelo grupo IX parecem dever-se à contribuição das características componentes *viz,* dias para a floração (78,67), dias para a maturação (141), altura da planta (72,87), número de ramos por planta (7,07), número de umbelas por planta (100,87), número de umbelas por umbela (16,2), número de sementes por umbela (352,73), rendimento biológico por planta (16,39), índice de colheita (35,42), peso de teste (1,4) e óleo volátil (5,22).

O padrão de agrupamento pode ser utilizado na seleção de pais para cruzamento e na decisão das melhores combinações de cruzamento que podem gerar a maior variabilidade possível para vários traços. Os genótipos com valores elevados de qualquer grupo podem ser utilizados para programas de hibridação para futura seleção e melhoramento e também para explorar a heterose. No presente estudo, o grupo I expressou o valor médio mais elevado para os dias até à maturidade. Enquanto o agrupamento III foi o mais elevado para o rendimento biológico por planta. O grupo III foi o mais elevado para o peso de teste. O grupo IV foi o mais elevado para os dias até à floração e para a altura da planta. O grupo VIII foi o melhor para o número de ramos por planta. O grupo IX apresentou os valores médios mais elevados para o número de umbelas por planta, número de umbelas por umbela, número de sementes por umbela, rendimento de sementes por planta, índice de colheita e óleo volátil. Por conseguinte, o intercruzamento dos genótipos envolvidos nestes grupos seria útil para induzir variabilidade nos respectivos caracteres e o seu melhoramento racional para aumentar a produção de sementes de javaina. Altas médias de cluster para vários caracteres também foram relatadas por Nagar *et al.* (2019), Singh *et al.* (2017) e Gauhar *et al.* (2018).

É um facto bem estabelecido que quanto maior for a diversidade genética dos progenitores utilizados no programa de hibridação, maiores serão as possibilidades de obter híbridos altamente heteróticos e uma variabilidade de largo espetro nas gerações segregantes (Arunachalam, 1981). Também se observou que a maioria dos híbridos produtivos pode provir de progenitores de alto rendimento com uma elevada diversidade genética. Por conseguinte, com base na distância genética máxima, é aconselhável tentar o cruzamento entre os genótipos presentes nos grupos VII e III, o que pode conduzir a uma maior variabilidade genética para melhorar a produção de ajwain.

V.   RESUMO E CONCLUSÕES

Um conjunto de quarenta genótipos de ajwain foi avaliado quanto à variabilidade genética, ao coeficiente de correlação, ao coeficiente de caminho e à diversidade genética para a avaliação de doze características diferentes, *nomeadamente* dias para a floração, dias para a maturação, altura da planta (cm), número de ramos por planta, número de umbelas por planta, número de umbelas por umbela, número de sementes por umbela, rendimento de sementes por planta (g), rendimento biológico por planta (g), índice de colheita (%), peso de teste (g) e óleo volátil (%).Estes genótipos foram obtidos a partir de germoplasma mantido na Seed Spices Research Station, Sardarkrushinagar Dantiwada Agricultural University, Jagudan, Mahesana (Gujarat), que foram avaliados na Agronomy Instructional Farm, Sardarkrushinagar Dantiwada Agricultural University, Sardarkrushinagar; durante a época de colheita *Rabi* 2019-20, num desenho de blocos aleatórios com três repetições. As observações foram registadas em cinco plantas selecionadas aleatoriamente de cada réplica para todas as características, exceto para os dias até à floração, dias até à maturidade, peso de teste e óleo volátil, em que as observações foram registadas com base na parcela.

Tendo em conta todos os aspectos do trabalho de investigação, o presente estudo sobre a Javaína (*Trachyspermum ammi* L.) foi realizado com os seguintes objectivos

1. Determinar a natureza e a magnitude da variabilidade genética do rendimento e dos atributos de diferentes genótipos de ajwain.
2. Estimar a correlação e o coeficiente de caminho para o rendimento e os seus componentes.
3. Estudar a divergência genética entre os genótipos de ajwain.

➢ **As principais características das conclusões são as seguintes**
1. A análise de variância revelou diferenças altamente significativas entre o quadrado médio dos genótipos estudados, sugerindo a presença de uma quantidade suficiente de variabilidade no material utilizado.

2. Os valores de PCV foram superiores aos de GCV para todas as características estudadas, indicando a influência do ambiente na expressão desses caracteres. No entanto, observou-se uma estreita afinidade entre PCV e GCV para as características: dias para a floração, dias para a maturação, altura da planta, número de ramos por planta, número de umbelas por planta, número de umbelas por umbela, número de sementes por umbela, rendimento de sementes por planta, rendimento biológico por planta, índice de colheita, peso de teste e óleo volátil. Sugerindo que a influência ambiental foi estreita para a expressão dessas características.

3. Foram registados valores moderados de PCV e GCV para as características *viz.*, número de ramos por planta, número de umbelas por planta, número de umbelas por umbela, número de sementes por umbela, rendimento de sementes por planta, rendimento biológico por planta, peso de teste e óleo volátil, indicando que existe um nível moderado de variabilidade genética entre estas características.

4. Foi encontrada uma elevada hereditariedade associada a um elevado avanço genético em percentagem da média para os caracteres: número de ramos por planta, número de umbelas por planta, número de umbelas por umbela, número de sementes por umbela, rendimento de sementes por planta, peso de teste e óleo volátil, o que indica um elevado efeito genético aditivo, pelo que a seleção seria recompensada para melhorar estes caracteres.

5. Foi encontrada uma elevada hereditariedade associada a um avanço genético moderado, em percentagem da média, para os caracteres: altura da planta, rendimento biológico por planta e índice de colheita, o que indicou o envolvimento de intracção aditiva ou não aditiva do gene, o que mostrou que o melhoramento destes caracteres poderia ser possível através de seleção direta.

6. Foram registados valores elevados de correlações genotípicas do que as correlações fenotípicas correspondentes para todos os caracteres estudados. Isto indicou que havia uma relação elevada entre duas variáveis a nível genotípico e que a sua expressão fenotípica era prejudicada pela influência de factores ambientais e também indicou a importância destes caracteres na melhoria da

produção de sementes por planta. O estudo das correlações mostrou que a altura da planta, o número de ramos por planta, o número de umbelas por planta, o número de umbelas por umbela, o número de sementes por umbela, o rendimento biológico por planta, o índice de colheita, o peso de teste, o óleo volátil foram altamente significativos e positivamente correlacionados com o rendimento de sementes por planta, tanto a nível fenotípico como genotípico, entre os caracteres estudados. O número de umbelas por planta apresentou o coeficiente de correlação fenotípica mais elevado, seguido do número de sementes por umbela, número de umbelas por umbela, rendimento biológico por planta, índice de colheita, altura da planta, peso do teste, óleo volátil e número de ramos por planta.

7. Os estudos de análise de caminho revelaram que o maior efeito positivo e direto na produção de sementes por planta foi observado pelo rendimento biológico por planta, seguido pelo índice de colheita, peso de teste, altura da planta, número de umbelas por planta, número de umbelas por umbela e dias até à maturidade, enquanto os dias até à floração tiveram o maior efeito negativo e direto na produção de sementes por planta, seguido pelo óleo volátil, número de ramos por planta e número de sementes por umbela. Assim, a produção biológica por planta, o índice de colheita, o peso de teste, a altura da planta, o número de umbelas por planta, o número de umbelas por umbela e os dias até à maturação podem ter a devida importância no programa de seleção para melhorar a produção de sementes de ajwain.

8. O efeito residual na análise do coeficiente de caminho foi consideravelmente baixo, indicando uma elevada contribuição dos traços independentes para o traço dependente.

9. A análise D^2 indicou uma maior diversidade genética entre quarenta genótipos de ajwain, que foram agrupados em nove grupos. A distância inter-agrupamentos máxima foi observada entre o agrupamento VII e III (D^2 =897,53), seguida do agrupamento V e III (D^2 =768,35). A distância inter-agrupamentos mínima foi observada entre o agrupamento IV e II (D^2 =32,04).

10. A diversidade genética era independente das regiões geográficas, uma vez que os genótipos da mesma zona se distribuíam em grupos diferentes e os genótipos de zonas diferentes se agrupavam num mesmo grupo. Por conseguinte, um obtentor de plantas deve avaliar a diversidade genética do seu material em vez de depender apenas da sua diversidade geográfica.

11. Os atributos, *viz.,* rendimento de sementes por planta, peso de teste, rendimento biológico por planta, índice de colheita, número de ramos por planta, óleo volátil, número de umbelas por planta, dias até à floração tiveram uma contribuição máxima para a divergência genética total. No futuro, a seleção de diversos progenitores com base nestes caracteres seria útil para tirar partido de segregantes transgressivos em ajwain.

12. O padrão de agrupamento pode ser utilizado na seleção de pais para cruzamento e na decisão das melhores combinações de cruzamentos que podem gerar a maior variabilidade possível para vários traços.

13. No presente estudo, o grupo I expressou o valor médio mais elevado para os dias até à maturidade. O grupo III foi o mais elevado para o rendimento biológico por planta, enquanto o grupo III foi o mais elevado para o peso de teste. O grupo IV foi o mais elevado para os dias até à floração e para a altura da planta. O grupo VIII foi o melhor para o número de ramos por planta. O grupo IX apresentou os valores médios mais elevados para o número de umbelas por planta, número de umbelas por umbela, número de sementes por umbela, rendimento de sementes por planta, índice de colheita e óleo volátil. Por conseguinte, o intercruzamento dos genótipos envolvidos nestes grupos seria útil para induzir variabilidade nos respectivos caracteres e o seu melhoramento racional para aumentar a produção de sementes de ajwain.

14. Os genótipos HAJ-07, AA-02, JA 16-06, JA 17-02 e HAJ-18 foram superiores às cultivares locais no que respeita ao número de umbelas por planta, número de umbelas por umbela, número de sementes por umbela, rendimento de sementes por planta e rendimento biológico por planta. Por conseguinte, são identificados como os melhores genótipos para a sua exploração na criação de ajwain.

REFERÊNCIAS

Al-Jibouri, H. A.; Miller, P. A. e Robinson, H. F. (1958). Variâncias e co-variedades genotípicas e ambientais num cruzamento de algodão de terras altas de origem interespecífica. *Agronomy Journal.* **50**: 633-637.

Allard, R. W. (1960). Relação entre diversidade genética e consistência de desempenho em diferentes ambientes. *Crop Sci.* **1**: 127-133.

Ameta, H. K.; Ranjan, J. K.; Kakani, R. K.; Mehta, R. S.; Solanki, R. K.; Panwar, A. e Kumhar, B. L. (2016). Estudos de variabilidade genética em coentros (*Coriandrum sativum L.*). *International Journal Seed Spices,* **6**(2): 103-105.

Anónimo (2016), Direção do desenvolvimento do arecanut e das especiarias. Disponível em https://www.spicenurseries.in/varietydescription.php?view=description&pl =t936a96d3c8bd1f8f2ff3m9bf31c7ff062u.

Anónimo. (2019). Base de dados de especiarias de sementes do ICAR-NRCSS. Disponível em https://www.nrcss.res.in/ . Acedido em 9th julho, 2021.

Awas, G.; Mekbib, F. e Ayana, A. (2015). Variabilidade, herdabilidade e avanço genético para algum rendimento e características relacionadas com o rendimento e teor de óleo em coentro etíope (*Coriandrum sativum L.*). *Jornal Internacional de Melhoramento Vegetal e Genética,* **9**(3): 116-125.

Awas, G.; Mekbib, F. e Ayana, A. (2017). Análise da diversidade genética de genótipos de coentro da Etiópia (*Coriandrum sativum L.*) para rendimento de sementes e teor de óleo. *Journal of Experimental Agriculture International,* **14**(6): 1-8.

Bairwa, R., Sodha, R. S., & Rajawat, B. S. (2012). Trachyspermum ammi. *Pharmacognosy reviews,* **6**(11): 56.

Burton, G. W. (1952). Herança quantitativa em gramíneas. *Proc. 6th Int. Congresso de Pastagens,* **1**: 277-283.

Burton, G. W. e De Vane, E. H. (1953). Estimating heritability in tall Fescues (*Festucaallamidiaceae*) from replicated clonal material. *Agronomy Journal.* **45**: 1476-1481.

Chaudhry, G.; Rajan J. K. e Jeeterwal R. C. (2012). Variabilidade genética, hereditariedade e estudos de correlação em funcho (*Foeniculum vulgare* Mill.). *Revista Internacional de Estudos Químicos.* **5**(4): 476-478.

Chauhan, J.; Purohit, V.K. e Paliwal, A. (2019). Estudo de correlação e análise de caminho de coentro (*Coriandrum sativum L.*) para rendimento e seus atributos em meados das colinas de Uttarakhand. *Revista Internacional de Biociência Pura Aplicada,* **7**(2): 113-118.

Cosge, B.; Arif, I. e Gurbuz, B. (2009). Alguns critérios de seleção fenotípica para melhorar a percentagem de sementes e de óleo essencial de funcho doce (*Foeniculum vulgare L.*). *Tarim Bilimleri Dergisi.* **15** (2): 127-133.

Dalkani, M.; Darvishzadeh, R.; Hassani, A. (2011). Correlação e análise de caminho sequencial em Ajowan (*Carum copticum* L.). *Jornal de Pesquisa de Plantas Medicinais*, **05**(2): 211-216.

Dalkani, M.; Hassani, A. e Darvishzadeh, R. (2012). Determinação da variação genética em populações de ajowan (*Carum copticum* L.) utilizando técnicas estatísticas multivariadas. *Revista Ciência Agrónomica*. **43**: 698-705.

Dashora, A. e Sastry, E. (2011). Variabilidade, associação de caracteres e análise do coeficiente de caminho no funcho. *Jornal Indiano de Horticultura*. **68** (3): 351-356.

Desai, P.K.; Asati, J. e Patel, R.K. (2018). Análise da variabilidade genética em coentros (*Coriandrum sativum* L.). *Jornal Internacional de Biociência Aplicada Pura*, **6**(6): 93-96.

Devi, A.R.; Sharangi, A.B. e Haokip, M.C. (2019). Estudos de variabilidade genética do genótipo de coentro (*Coriandrum sativum* L.). *Journal of Pharmacognosy and Phytochemistry*, **8**(4): 419-421.

Dhakad, R.S.; Sengupta, S.K.; Lal N. e Shiurkar, G. (2017). Diversidade genética e análise de herdabilidade em coentro. *The Pharma Innovation Journal*, **6**(8): 40-46.

Dhakar, L.; Meena, R. S.; Jat, S. e Yadav, T. (2017). Análise de divergência genética em genótipos de erva-doce. *Jornal Internacional de Microbiologia Atual e Ciências Aplicadas*. **7**(7): 403-408.

Dyulgerova, N. e Dyulgerova, B. (2014). Análise de hereditariedade e coeficiente de correlação para a produção de frutos e seus componentes em coentro (*Coriandrum Sativum* L.). *Jornal Turco de Ciências Agrárias e Naturais*, **6**: 618-622.

Falconer, D. S. (1981). An Introduction to Quantitative Genetics (Introdução à genética quantitativa). Longman, Nova Iorque.

Faravani, M.; Jafari, A. A.; Ranjbar, M.; Negari, A. K. e Azizi ,N.(2018). Análise de correlação e coeficiente de caminho de características fenológicas, agronômicas e morfológicas de populações de cominho e ajwain no Irã. *Selcuk Journal of Agriculture and Food Sciences*. **32** (3): 482-495.

Farooq, M.; Hegde, R.V. e Imamsaheb, S. J. (2017). Variabilidade, Heretabilidade e avanço genético em genótipos de coentro. *Arquivos de Plantas*, **17**(1): 519-522.

Fisher, R. A. (1918). The correlations among relatives on the supposition of Mendelian inheritance. *Transactions of the Royal Society of Edinburgh*. **52**: 399-433.

Fisher, R. A. (1936). O uso de medições múltiplas em problemas taxonómicos. *Annals of Eugenics*. **7**: 179.

Fisher, R.A. e Yates, F. (1963). Statistical tables for biological, agricultural and medical research (Tabelas estatísticas para investigação biológica, agrícola e médica). Oilines and Boyel. *Edimburgo*. pp.63.

Galton, F. (1889). Natural inheritance. McMillan, Londres.

Gauhar, T.; Solanki, R. K.; Kakani, R. K. e Choudhary, M. (2018). Estudo da divergência genética em coentros (*Coriandrum sativum* L.). *International Journal Seed Spices*, **8**(1): 56-59.

Gauhar, T.; Solanki, R.K.; Kakani, R.K. e Choudhary, M. (2018). Estudos de variabilidade e associação de caracteres em coentro (*Coriandrum sativum L.*). *International Journal Seed Spices,* **8**(1): 36-40.

Ghanshyam; Dodiya, N. S.; Sharma, S.P.; Jain, H.K. e Dashora, A. (2015). Avaliação da variabilidade genética, correlação e análise de caminho para o rendimento e seus componentes em ajwain (*Trachyspermum ammi* L.). *Journal Spices Aromatic Crop.* **24**: 43-46.

Harichand, R.; Khan, M.M.; Pandey, V.P. e Dwivedi, D.K. (2017). Coeficiente de Correlação e Análise de Caminho em Genótipos de Coentro (*Coriandrum sativum L.*). *Revista Internacional de Microbiologia Atual e Ciências Aplicadas,* **6**(6): 418-422.

Hazel, L. N. e Lush, J. L. (1943). A eficiência de três métodos de seleção.*Journal of Heredity.* **33**: 393-399.

Hotelling, H. (1936). Relação entre dois conjuntos de variedades. *Biometria.* **38**: 321-377.

Jain, A.; Pandey, V.P.; Yadav, S. e Shukla, R. (2018). Avaliar a variabilidade, a hereditariedade e o avanço genético em genótipos de coentro (*Coriandrum sativum L.*). *Revista Internacional de Estudos Químicos,* **6**(6): 1457-1460.

Jeeterwal, R. C. (2015). Variabilidade genética, associação de caracteres, coeficiente de caminho e análise de divergência em consanguíneos de erva-doce. *Sociedade Indiana de Sementes e Especiarias.* **5**(2): 26-31.

Johnson, H. W.; Robinson, H. F. e Comstock, R. E. (1955). Estimativas da variabilidade genética e ambiental da soja. *Agronomy Journal,* **47**(3): 14-318.

Jyothi, K.; Mishra, R.P.; Sujatha, M. e Joshi, V. (2017). Variabilidade genética, heritabilidade e avanço genético para o rendimento e seu componente na coleção indígena de germoplasma de coentro (*Coriandrum sativum L.*). *Revista Internacional de Biociência Pura Aplicada,* **5**(3): 301-305.

Kassahun, B. M., Alemaw, G., e Tesfaye, B. (2013). Estudos de correlação e análise do coeficiente de caminho para o rendimento de sementes e componentes de rendimento em acessos de coentro da Etiópia. *Revista africana de ciência das culturas,* **21**(1): 51-59.

Kumar, A.; Umesha, K.; Shivapriya, M.; Halesh, G. K. e Kumar, N. (2018). Estudos de variabilidade genética, herdabilidade e avanço genético em coentro (*Coriandrum sativum L.*). *Revista Internacional de Biociência Aplicada Pura,* **6**(3): 426-430.

Kumar, R.; Meena, R. S.; Verma, A. K.; Ameta, H. e Panwar, A. (2017). Análise da variabilidade genética e correlação em erva-doce. (*Foeniculum vulgare* Mill.) germoplasma. *Pesquisa e Tecnologia Agrícola.* **3**(4): 1-5.

Kumar, S. e Surya, P. (2016). Estudos sobre Variabilidade Genética, Correlação e Análise de Caminho em Coentros *(Coriandrum Sativum L.)*. *Annals Of Horticulture,* **8**(2): 159-162.

Kumar, S.; Singh, J.P.; Singh, D.;Chander, M.;Sarkar, M. e Sah, H. (2017). Associação de caracteres e análise de caminho em coentro (*Coriandrum sativum L.*) para rendimento e seus atributos. *Revista Internacional de Biociência Pura Aplicada,* **5**(1): 812-818.

Mahalanobis, P. C. (1928). *The Journal of the Asiatic Society of Bengal.* **25**: 301-377.

Malhotra, S. K. and Vijay, O. P. (2004) *In Woodhead Publishing Series in Food Science, Technology and Nutrition,Handbook of Herbs and Spices,*2004, pp-107-116, https://doi.org/10.1533/9781855738355.2.107 .

Maurya, K. R. e Bineeta D. (2016). Análise da variabilidade genética em coentros (*Coriandrium Sativum* L.) em condições agro-climáticas de Jhansi, Índia. *Revista Internacional de Investigação Atual, Vol.* **8**: 37769-37771.

Meena, M.; N.S. Dodiya, N. S.; Baudh, B.; Kunwar. e Brajendra .(2016). Caracterização genética para correlação e análise de caminho Rendimento de sementes, seus traços contribuintes e conteúdo de óleo em Ajwain (*Trachyspermum ammi* L.). *Ambiente e ecologia.* **35**(3A): 1849 - 1853.

Meena, R. S.; Anwar, M.M. e Kakani, R.K. (2009). Correlation and path analysis studies for yield improvement in fennel (*Foeniculum vulgare* Mill.) Publicado no Workshop Nacional sobre "Spices and Aromatic Plants in 21st century India" realizado na S.K.N. college of Agriculture, Jobner (Rajasthan). pp- 44.

Mengesha, B.; Alemaw, G. e Tesfaye, B. (2011). Divergência genética em acessos de coentros da Etiópia e sua implicação na criação de tipos de plantas desejados. *African Crop Science Journal,* **19**(1): 39 - 47.

Miheretu. (2013). Divergência genética nos coentros da Etiópia (*Coriandrum sativum* L.). *Accessions Advances in Crop Science and Technology,* **1**: 116.

Mishra, T. D. e Balaji, V. (2017). Variabilidade genética, hereditariedade e associação de caracteres em genótipos de coentro (*Coriandrum sativum L.*) sob condição agroclimática de Allahabad. *Revista Internacional de Biociência Pura Aplicada,* **5**(3): 151-158.

Mohammed, F., Hegde, R. V. e Imamsaheb, S. J. (2017). Variabilidade, herdabilidade e avanço genético em genótipos de coentro. **17**: 519-522.

Nagappa, M. K.; N. Emmanuel; M. Lakshminarayana Reddy e Dorajeerao, A. (2018). Análise do coeficiente de caminho para rendimento de grãos e óleo em coentro. Revista Internacional de Microbiologia Atual e Ciências Aplicadas. 7(1): 1534-1541.

Nagappa, M.K.; Emmanuel, N.; Reddy, M.L. e Dorajeerao, A.V.D. (2018). Heritabilidade e avanço genético para rendimento e seus atributos em coentro. *Revista Internacional de Microbiologia Atual e Ciências Aplicadas,* **7**(6): 3729-3740.

Nagar, O.; Maloo, S.; Namrata. e Bisen, e P. Kumar, A. (2018). Avaliação da variabilidade em ajwain (*Trachyspermum ammi* L.). genótipos. *Jornal Internacional de Agricultura, Meio Ambiente e Biotecnologia* .pp-845-848.

Nagar, O.; Maloo, S.; Namrata. e Bisen, P. (2019). Avaliação da diversidade genética em Ajwain (*Trachyspermum ammi* L.). Genótipos usando marcador morfológico e molecular. *Jornal indiano de recursos de genética vegetal.* **32**(2): 141-149.

Nair, B.; Sengupta, S.K.; Singh, K. P. e Naidu, A.K. (2013). Análise de associação e coeficiente de caminho entre o rendimento de sementes e seus componentes em coentro (*Coriandrum sativum L.*). *The Asian Journal Of Horticulture*, **8**(2): 403-408.

Nandakumar, K.; Chandrappa, H.; Raviraja Shetty, G.;Kumar, P.H. e Babu, H. (2018). Estudos sobre a variabilidade de alguns caracteres morfológicos em coentros *(Coriandrum sativum L.)*. *Revista Internacional de Estudos Químicos*, **6**(5): 1928-1930.

Paliwal, R.V.; Jain,U.K. e Kumar,R. (2005). Estimativa da variabilidade da produção de sementes e dos traços de qualidade em ajwain (*Trachyspermum amii* L). Simpósio nacional sobre acontecimentos actuais em cebola, alho, malagueta e especiarias de semente inc, pune, pp-7.

Paliwal, R.V.; Jain,U.K. e Kumar,R. (2005). Estimativa da análise da divergência genética em ajwain (*Trachyspermum amii* L). Simpósio nacional sobre a atualidade da cebola, do alho, da malagueta e das especiarias de semente, Pune, **9**.

Pandey, V.P.; Mishra D.P. e Pandey M.K.(2011). Variabilidade genética e correlação do coentro (*Coriandrum sativum L.*). *Bioved*, **23**(1): 65-68.

Panse, V.G. and Sukhatme, P.V. (1978) .Statistical methods for agricultural workers. ICAR, Nova Deli.

Patel D. G.; Patel P. R.; Patel H. B e Patel A. M. (2018). Avaliação da variabilidade genética em coentro (*Coriandrum sativum* L.). *Jornal Internacional de Ciência e Pesquisa* . pp. 2319-7064.

Pearson, K. (1926). Sobre o coeficiente de semelhança racial. *IBID*. **18**: 105.

Rajput, S. S.; Singhania, D. L.; Singh D.; Sharma, K. C. e Jakhar, M. L. (2004). Correlation and path analysis in Fennel (*Foeniculum vulgare* Mill.) germplasm. Documento de contribuição: Seminário nacional sobre novas perspectivas de cultivo comercial, transformação e comercialização. Sementes de especiarias e plantas medicinais. Jobner Rajasthan, **12**: 21-32.

Rao, C. R. (1952). Advanced Statistical Methods in Biometrical Research (Métodos Estatísticos Avançados em Investigação Biométrica). John Willey & Sons, Nova Iorque.

Roy, D. (2000). Plant breeding - Analysis and exploitation of variation. Narosa Publishing House, Nova Deli. pp. 135.

Safidan, A.Y.; Valizadeh, M.; Aharizad, S. e Sabzi, M. (2014). Análise de caminho do rendimento de grãos, algumas características morfológicas e conteúdo de óleo essencial em diferentes populações de erva-doce (*Foeniculum vulgare* Mill.). *Revista de Diversidade e Ciência Ambiental*. **4**(5): 10-15.

Sandhu, A.S.; Singh, L. e Darvhankar, M. S. (2018). Avaliação da diversidade genética e relação entre genótipos de coentro usando correlação e análise de caminho. *Arquivos de plantas,***18**(2): 1557-1562.

Sengupta, S. K.; Verma,B. K. e Naidu, A. K. (2011). Estudo da variabilidade genética em funcho (*Foeniculum vulgare* Mill.). *Revista Internacional de Ciências Sociais*. **1**: 54-59.

Shivaprasad, M.K.; Tehlan, S.K.; Kumar, M.; Batra, V.K. e Yashveer, S. (2017). Estudos de correlação e coeficiente de caminho em coentro para rendimento e rendimento atribuindo traços.*International Journal of Current Microbiology and Applied Science*, **6**(9): 3593-3599.

Shiwangi P., Hadimani H.P., Satish D., Awati M., Kantharaju V. e Biradar I.B. (2020). Avaliação dos parâmetros de variabilidade genética em genótipos de coentro (coriandrum sativum L.) para crescimento, rendimento foliar e características de qualidade. **20**(1): 721-726.

Shrivastva , J.P. e tripathi, S.M. (2005). Estudos de variabilidade, hereditariedade e correlação em ajwain (*Trachyspermum amii* L). Simpósio nacional sobre acontecimentos actuais em cebola, alho, malaguetas e especiarias de sementes, Pune, pp-6.

Singh, N. P.; Pandey, V. P. e Singh, A. K. (2019). Estudos de variabilidade genética em ajwain (*Trachyspermum ammi* L.). *Jornal de Farmacognosia e Fitoquímica*. **3**: 41-44.

Singh, N. P.; Pandey, V. P.; Yadav, G.; Singh, G.; Tyagi, N.; Pandey, P. e Maurya P. (2017). Estudos de Divergência Genética em Ajwain (*Trachyspermum ammi* L.). *Jornal Internacional de Ciência Aplicada Microbiológica Atual.* **6**(11): 563-569.

Singh, R. K. e Chaudhary, B. D. (1985). Variance and covariance analysis (Análise de variância e covariância). *In*: "Biometrical methods in quantitative genetic analysis". *Publicação Kalyani*. New Delhi. pp: 39-68.

Singh, S. J., Singh, S. K.(2013) Análise da variabilidade genética em coentros (Coriandrum sativum L.). Jornal de Especiarias e Culturas Aromáticas. **22** (1): 81-84.

Singh, S. P., & Prasad, R. (2006). Phenotypic stability in coriander (Coriandrum sativum L.). *International Journal of Agriculture Science*, **2**:50-53.

Singh, S. P., Katiyar, R. S., Rai, S. K., Tripathi, S. M., & Srivastva, J. P. (2005). Divergência genética e sua implicação no melhoramento do tipo de planta desejado em coentros-Coriandrum sativum L.-. *Genetika, 37*(2), 155-163.

Singh, S.K.; Singh, S.J.; Singh, D. e Tripathi, S.M. (2011). Análise de associação em linhas de elitegermplasma em coentros (*Coriandrum sativum L.*). *Annals of horticulture*, **4**(2): 187-192.

Sivasubramanian, S. e Madhavamenon, P. (1973). Análise genética de caracteres quantitativos em arroz através de cruzamentos dialelos. *Madras Agricultural Journal*. **60**: 1097-1102.

Sravanthi, B.; Sreeramu, B.; Swamy, N. B.; Umesha, K., e Rajasekhar, R. B. (2014). Coeficiente de Correlação e Análise de Caminho em Genótipos de Coentro (Coriandrum Sativum L.). Revista internacional de tecnologia farmacêutica de biologia aplicada. **5**.

Subramaniyan, P.; Jothi, L. J.; Sundharaiy, K.; Shoba, N. e Murugesa, S. (2018). Variabilidade genética, herdabilidade, avanço genético, coeficiente de correlação e análise de caminho em ajowan (*Trachyspermum ammi* L). *Jornal indiano de pesquisa científica*. **19**(1): 37-46.

Telugu, R. K.; Tehlan, S.K.; Mukesh, K. e Mamtha, N. C. (2017). Estudos de variabilidade sobre o rendimento e o rendimento que atribuem caracteres no funcho (*Foeniculum vulgare* Mill.). *Jornal Indiano de Biociências Puras e Aplicadas.* **6**(5): 954-959.

Thakur, R.; Asati, B.S., Singh, j. e Sahu, P. (2018) Estudos de variabilidade genética para componentes de rendimento foliar em germoplasma de coentro (Coriandrum sativum L.). *Revista Internacional de Estudos Químicos.* **6**(3): 1712-1714.

Tripathi, S.M. e Srivastva , J.P. (2005). Path analysis in ajwain(*Trachyspermum amii* L). Simpósio nacional sobre a atualidade da cebola, do alho, da malagueta e das especiarias de semente, Pune, pp-13.

Verma, M.K.; Pandey, V.P.; Singh, D.;Kumar, S. e Kumar, P. (2018). Estudos sobre variabilidade genética em germoplasma de coentro (*Coriandrum sativum L.*). *Journal of Pharmacognosy and Phytochemistry, pp-* 2490-2493.

Wright, S. (1921). Correlation and causation. *Journal of Agriculture Research.* **20**: 557-585.

Yadav, S. e Yadav, K.S. (2018). Análise de correlação e caminho para várias características em coentro (*Coriandrum sativum L.*). *Revista Internacional de Ciências Agrárias*, **10**(13): 6514-6517.

sYogi, R. S.; Meena, R. K.; Kakani, P. e Solanki, R. K. (2013). Variabilidade de alguns caracteres morfológicos em funcho (*Foeniculum vulgare* Mill.). *Revista Internacional de Especiarias de Sementes.* **3**(1): 41-43.

APÊNDICE - I

Dados meteorológicos semanais registados durante a época de colheita
(novembro-2019 a maio-2020)

Mês	Semana normal	Temperatura (º C)		Humidade relativa (%)		Precipitação (mm)	Dias de chuva
		Máximo.	Min.	Manhã.	Mesmo.		
1	2	3	4	5	6	7	8
Nov.	44	34.7	18.3	60	67	14	1
	45	32.4	20.7	64	67	0	0
	46	31.4	18.4	61	64	5	1
	47	31.8	15.3	53	58	0	0
Dez.	48	29.9	17.4	56	54	0	0
	49	28.6	13.3	55	51	0	0
	50	27.1	9.5	49	42	4	1
	51	25.7	10.7	53	40	0	0
	52	25.8	6.9	48	26	0	0
Jan.	01	24.3	9.3	55	40	0.0	0
	02	24.0	8.0	52	38	0.0	0
	03	23.6	7.3	46	29	0.0	0
	04	27.8	10.4	47	28	0.0	0
	05	25.8	6.4	46	25	0.0	0
Fev.	06	27.6	8.4	52	28	0.0	0
	07	32.5	11.5	58	22	0.0	0
	08	35.3	12.1	62	20	0.0	0

105

Mar.	09	34.5	13.2	67	24	0.0	0
	10	32.1	13.0	68	42	0.0	0
	11	32.5	12.7	62	34	0.0	0
	12	35.5	16.9	66	36	0.0	0
	13	36.0	16.3	68	34	3.0	1
abril.	14	42.1	20.0	63	22	0.0	0
	15	43.0	21.3	65	25	0.0	0
	16	41.0	20.9	66	33	0.0	0
	17	41.4	23.8	73	38	0.0	0
maio.	18	41.9	23.9	71	36	15.0	1
	19	41.8	25.3	60	46	0.0	0
	20	41.0	23.8	67	44	0.0	0
	21	43.2	24.2	67	42	0.0	0

Fonte: Departamento de Meteorologia Agrícola, Sardarkrushinagar.

APÊNDICE-II

Os valores médios de 40 genótipos de ajwain para todos os 12 caracteres, juntamente com o erro padrão da média (S. Em), a diferença crítica (C.D.) e o coeficiente de variação (C.V.)

N.º Sr.	Genótipos	DF	DM	PH	NOB	UPP	UPU	SPU	SPP	BY	HI	TW	VO
1	LS 14-3	94.00	164.00	90.47	12.07	92.53	13.40	289.11	5.010	18.04	27.78	1.683	5.61
2	HAJ-07	78.00	139.00	86.87	13.07	117.07	17.40	378.67	6.653	21.87	30.49	2.157	4.87
3	LS 14-08	80.00	140.33	88.07	11.47	86.87	13.47	302.73	4.727	18.71	25.27	1.940	5.36
4	JA-01	76.67	140.67	80.20	10.07	70.40	12.07	254.40	4.327	15.91	27.17	1.623	4.21
5	JA -187	76.67	139.67	75.40	6.93	68.93	12.40	211.31	4.780	17.79	26.86	1.597	4.79
6	JA-190	74.67	138.00	73.27	12.73	83.40	10.80	205.16	4.497	17.76	25.32	1.533	4.29
7	NDAJ-10	73.67	137.33	66.93	9.80	63.20	8.13	189.93	3.567	14.82	24.08	1.233	4.48
8	NDAJ-11	67.00	129.00	72.80	10.20	66.87	9.20	204.12	3.973	15.61	25.47	1.257	4.70
9	AA-73	83.33	145.33	76.87	6.67	69.20	10.60	242.60	4.400	15.75	27.93	1.697	5.23
10	AA-06	89.00	148.00	84.60	10.33	99.40	16.13	343.07	5.780	21.08	27.40	1.830	4.25
11	AA-01	65.33	129.00	77.47	9.07	64.07	9.00	198.07	3.660	14.95	24.49	1.100	4.02
12	AA-02	78.67	139.67	79.27	8.13	108.80	17.13	376.73	6.480	21.38	30.43	2.123	5.96
13	HAJ-18	78.67	141.00	72.87	7.07	100.87	16.20	352.73	5.803	16.39	35.42	1.403	5.22
14	JA 16-06	83.67	141.67	84.47	9.93	108.20	17.00	369.33	5.977	20.69	28.89	1.573	4.40
15	JA 16-01	82.33	144.33	84.73	9.13	68.00	14.73	266.33	4.640	17.18	26.98	1.613	4.97
16	JA 111	83.67	144.67	91.07	7.80	67.73	11.07	266.93	5.193	17.94	28.95	1.280	4.81
17	JA 218	77.33	141.67	76.07	8.80	81.13	11.73	283.60	4.670	17.68	26.41	1.830	5.31
18	JA 219	88.33	149.67	85.40	7.93	97.40	15.20	328.27	5.630	21.60	26.06	1.650	4.55
19	JA 17-01	77.00	138.67	73.87	9.00	68.53	12.87	272.00	4.503	16.74	26.90	1.913	4.77
20	JA 17-02	81.00	144.67	81.31	13.20	102.27	16.80	361.07	5.947	23.33	26.13	1.557	5.38
21	JA 17-06	82.33	146.00	87.67	8.73	68.27	14.60	276.27	5.233	18.94	27.70	1.140	4.46
22	JA 18-01	84.00	146.33	76.00	11.13	74.47	14.53	231.73	4.230	15.29	27.65	1.063	3.89

23	JA 18-02	86.00	147.00	71.40	8.67	86.07	12.87	225.47	4.987	19.39	25.80	1.413	4.11
24	JA 18 -03	84.67	145.33	78.27	7.80	73.87	13.20	269.93	4.467	16.71	26.74	1.290	3.86
25	JA 18-04	86.33	155.00	83.60	9.87	80.33	13.73	263.47	4.883	19.18	25.44	1.430	4.25
N.º Sr.	Genótipos	DF	DM	PH	NOB	UPP	UPU	SPU	SPP	BY	HI	TW	VO
26	JA 18-05	79.33	142.67	81.57	11.00	86.87	13.40	278.17	4.677	19.00	24.60	0.967	4.46
27	JA 18-06	78.33	141.33	78.20	7.73	70.80	13.40	313.29	4.540	17.24	26.32	1.503	4.39
28	JA 18-07	78.33	140.67	82.27	10.27	84.80	13.07	313.12	5.267	19.44	27.08	1.147	5.95
29	JA 18-08	77.00	141.67	85.71	10.93	88.60	14.60	303.20	5.267	21.12	24.98	1.610	5.24
30	MLT 60	80.00	144.33	75.53	9.93	74.53	12.53	308.80	4.837	17.59	27.49	1.797	4.57
31	NS 1	80.67	142.67	85.40	10.53	82.73	14.60	304.25	5.127	20.39	25.20	1.323	4.62
32	NDAJ 1	85.33	146.67	77.00	8.80	85.73	13.73	250.60	5.180	19.53	26.53	1.410	4.77
33	NDAJ 6	86.67	147.00	78.27	9.40	90.73	12.87	270.28	4.783	21.07	22.80	1.053	3.68
34	NDAJ 7	92.00	164.33	73.87	6.93	69.87	11.40	225.91	4.363	16.78	25.98	1.547	4.71
35	NDAJ 14	88.67	149.00	79.13	11.67	87.87	12.93	243.87	4.533	16.92	26.78	1.313	4.33
36	JA 07-01	86.00	147.67	81.27	10.33	93.87	14.93	327.80	5.510	18.35	30.02	1.687	5.37
37	JA 07-06	75.00	139.67	85.40	12.47	97.80	15.20	330.25	5.680	20.31	28.22	1.837	6.08
38	JA 2013-4	75.67	139.67	90.53	12.07	98.53	15.40	330.93	5.693	21.04	27.05	1.417	4.99
39	AG 1	72.00	135.00	87.20	7.13	80.40	10.67	248.88	5.103	19.45	26.25	1.350	5.21
40	AG 2	76.67	146.33	83.53	6.93	86.73	12.73	228.53	4.937	17.65	27.96	1.380	5.59
Média		80.60	143.62	80.60	9.64	83.69	13.39	281.02	4.988	18.52	26.98	1.507	4.79
Gama		65.33-94	129-164.33	66.93-91.07	6.67-13.20	63.20-117.07	8.13-17.40	189.93-378.67	3.567-6.653	14.82-23.33	22.80-35.42	0.967-2.157	4.87-6.08
S.E.		3.03	2.76	1.53	0.30	2.10	0.55	10.49	0.14	0.64	0.86	0.02	0.12
C.D. a 5%		8.53	7.76	4.30	0.85	5.90	1.54	29.55	0.39	1.81	2.41	0.05	0.33
C.V.		6.51	3.32	3.28	5.42	4.34	7.09	6.47	4.81	6.01	5.50	1.91	4.20

DF = dias para a floração, **DM** = dias para a maturação, **PH** = altura da planta (cm), **NBP** = número de ramos por planta (n), **UPP** = número de umbelas por planta, **UPU** = número de umbelas por umbela, **SPU** = número de sementes por umbela, **SPP** = rendimento de sementes por planta (g), **BY** = rendimento biológico por planta (g), **HI** = índice de colheita (%), **TW** = peso do teste (g), **VO** = óleo volátil (%).

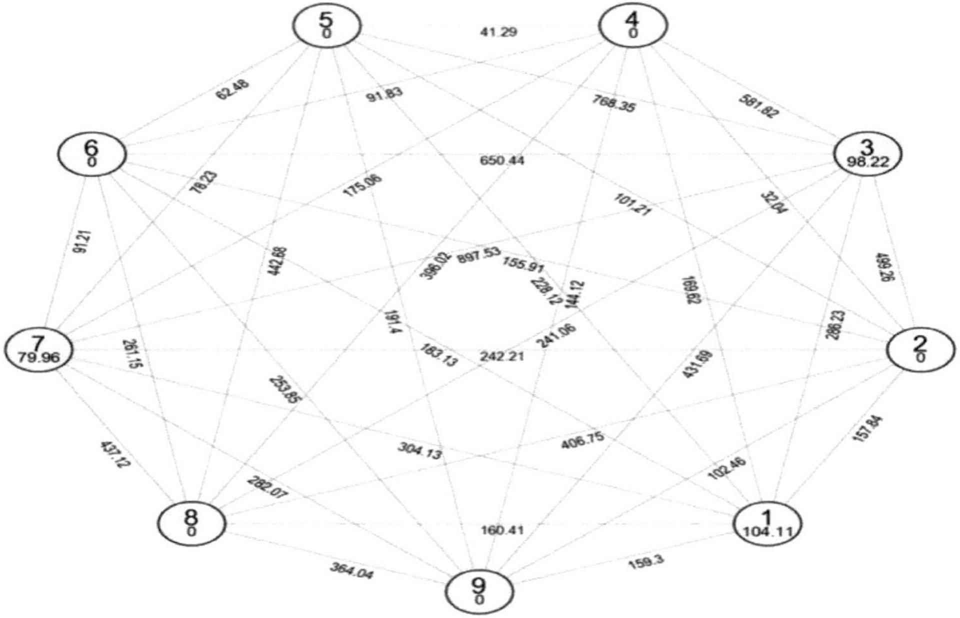

Fig.4.4: - Representação esquemática do diagrama de agrupamento em ajwain

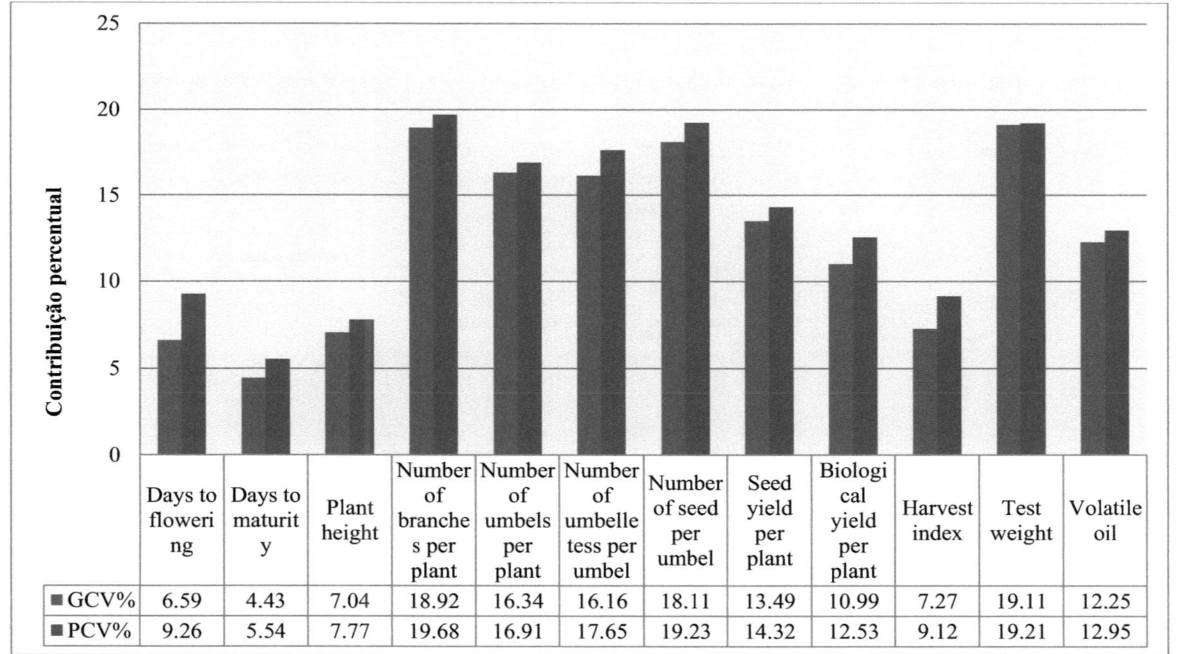

	Days to floweri ng	Days to maturit y	Plant height	Number of branche s per plant	Number of umbels per plant	Number of umbelle tess per umbel	Number of seed per umbel	Seed yield per plant	Biologi cal yield per plant	Harvest index	Test weight	Volatile oil
GCV%	6.59	4.43	7.04	18.92	16.34	16.16	18.11	13.49	10.99	7.27	19.11	12.25
PCV%	9.26	5.54	7.77	19.68	16.91	17.65	19.23	14.32	12.53	9.12	19.21	12.95

Fig.4.1 Estimativas do coeficiente de variação genotípica e fenotípica (%) para diferentes características em ajwain

111

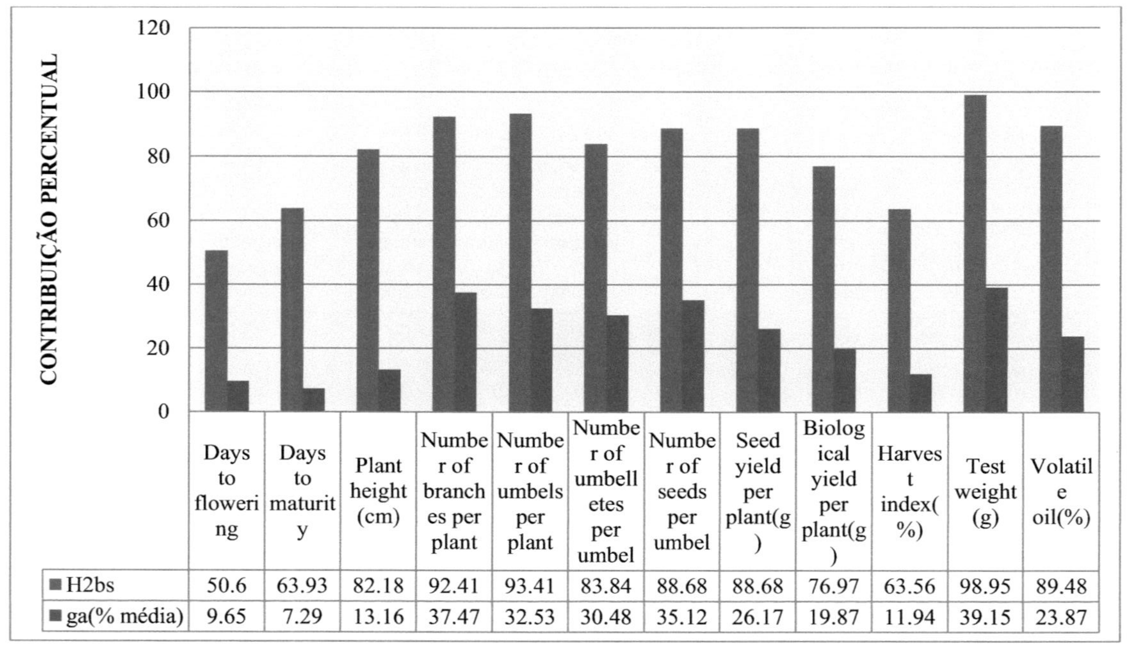

	Days to floweri ng	Days to maturit y	Plant height (cm)	Numbe r of branch es per plant	Numbe r of umbels per plant	Numbe r of umbell etes per umbel	Numbe r of seeds per umbel	Seed yield per plant(g)	Biolog ical yield per plant(g)	Harves t index(%)	Test weight (g)	Volatil e oil(%)
■ H2bs	50.6	63.93	82.18	92.41	93.41	83.84	88.68	88.68	76.97	63.56	98.95	89.48
■ ga(% média)	9.65	7.29	13.16	37.47	32.53	30.48	35.12	26.17	19.87	11.94	39.15	23.87

Fig.4.2 Estimativas da hereditariedade (%) e do avanço genético por média (%) para diferentes características em ajwain

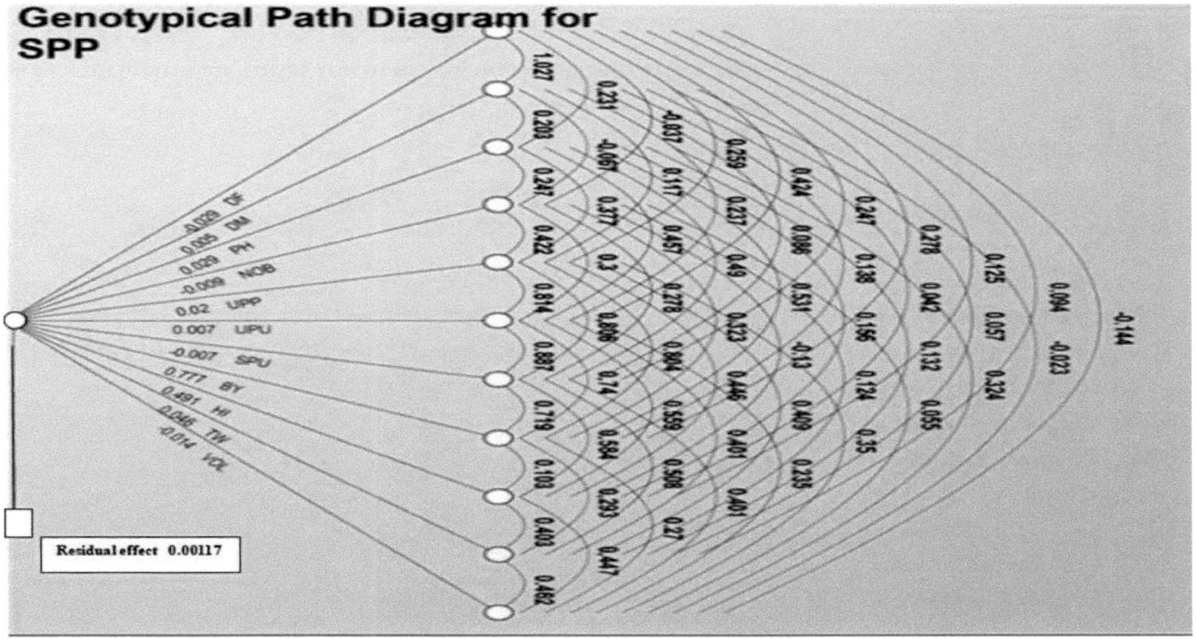

Fig. 4.3: - **Representação esquemática da análise da trajetória genotípica da Jutaína**

113

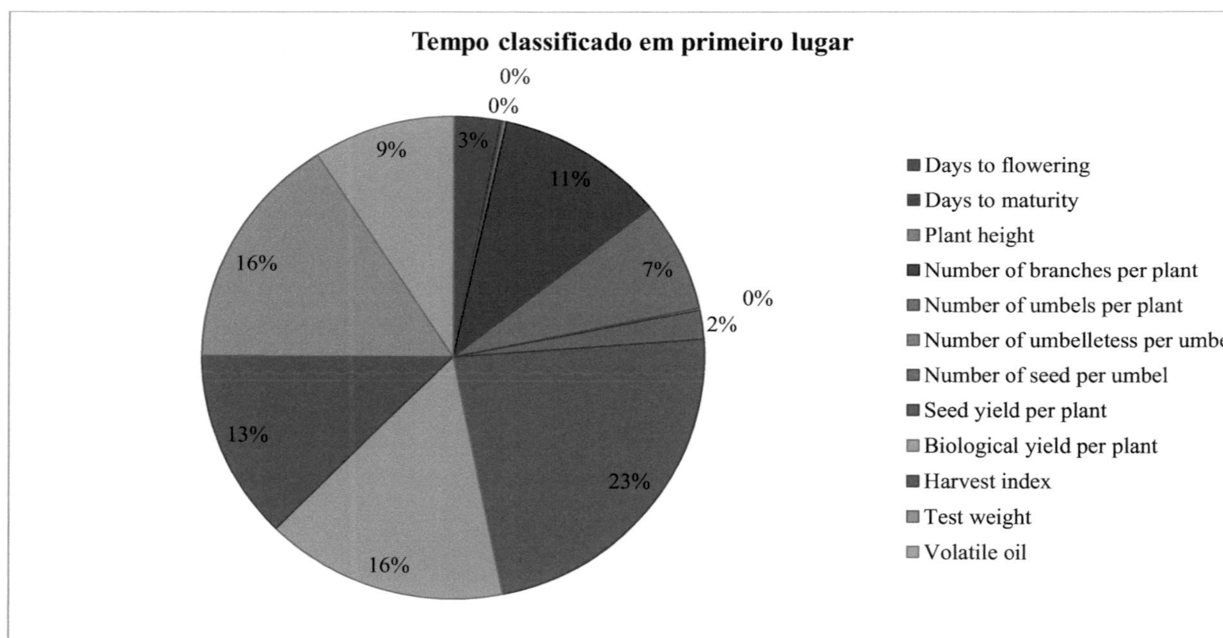

Fig.4.5 Contribuição de vários traços para a divergência genética total

Dedicated
to
My
Beloved
Parents

More
Books!

info@omniscriptum.com
www.omniscriptum.com
OMNIScriptum

Printed by Books on Demand GmbH, Norderstedt / Germany